U0324051

从 形 体 入 手 的

建筑快速
设计策略

谷兰青　陈冉

主编

3

同济大学出版社

图书在版编目（ＣＩＰ）数据

从形体入手的建筑快速设计策略 / 谷兰青，陈冉主
编 . -- 上海：同济大学出版社，2020.7
建筑设计基础教程
ISBN 978-7-5608-8817-0

Ⅰ . ①从… Ⅱ . ①谷… ②陈… Ⅲ . ①建筑设计－教
材 Ⅳ . ① TU2

中国版本图书馆 CIP 数据核字 (2019) 第 255951 号

从形体入手的建筑快速设计策略

谷兰青 陈冉 主编

出 品 人　华春荣
责任编辑　由爱华
责任校对　徐春莲
装帧设计　吴雪颖
出版发行　同济大学出版社 www.tongjipress.com.cn
（地址：上海四平路 1239 号 邮编：200092 电话： 021-
65985622）
经 销　全国各地新华书店
印 刷　上海龙腾印务有限公司
开 本　787mm×1092mm 1/16
印 张　7
字 数　175000
版 次　2020 年 7 月第 1 版 2020 年 7 月第 1 次印刷
书 号　ISBN 978-7-5608-8817-0
定 价　48.00 元

PREFACE
前言

  建筑快速设计是建筑学专业人员在升学以及求职过程中的必备能力之一，由于其应试时间的限制，建筑快速设计对思考和绘图的逻辑与速度都有着高水准的要求，因而其也成为众多建筑学学了迫切希望提升的技能。本书的作者总结其多年快速设计教学和各类型快题设计研究经验，将近十年来的教学精华成果编撰成本系列丛书，旨在帮助有需求的建筑学子提升建筑快速设计能力。

  本套图书分为四册八大篇，分别从不同角度系统介绍了快速设计的解题策略。每个篇章的框架由三项固定内容构成：第一部分是对其对应主题的快速设计策略以及表现技法的介绍，图文并茂，深入浅出，满足不同层次的读者的阅读需求；第二部分是实际案例分析，精心挑选出的案例具有很强的代表性，方便读者将第一部分理论联系到实际；第三部分为快速设计作品分析，选取优秀作品进行亮点分析，使读者可以对快速设计成果有更为直观的认知，同时也便于自身对比学习。

  本册内容聚焦于建筑快速设计中建筑设计的形态设计问题，上篇首先将建筑分为单形体和多形体，分别对两种情况下的建筑体块操作手法进行了详细地说明。同时将建筑屋顶元素的设计策略进行系统介绍，并展示建筑轴测图的画法与表现技法。下篇则关注更为细节的建筑立面元素，介绍建筑快速设计中可以参考的立面划分逻辑，然后针对立面中的"虚"与"实"，给出了多种详细的立面设计元素，并展示了应试过程中可以参照的立面画法与表现方式。读者通过本册的学习，可以启发建筑形态设计，实现理性建筑形体逻辑与丰富的立面元素的和谐统一。

CONTENTS
目录

PART 2 下篇 建筑立面操作手法

编委会

主编

谷兰青 陈冉

编委

程旭 陈宇航 郭小溪

田楠楠 严雅倩

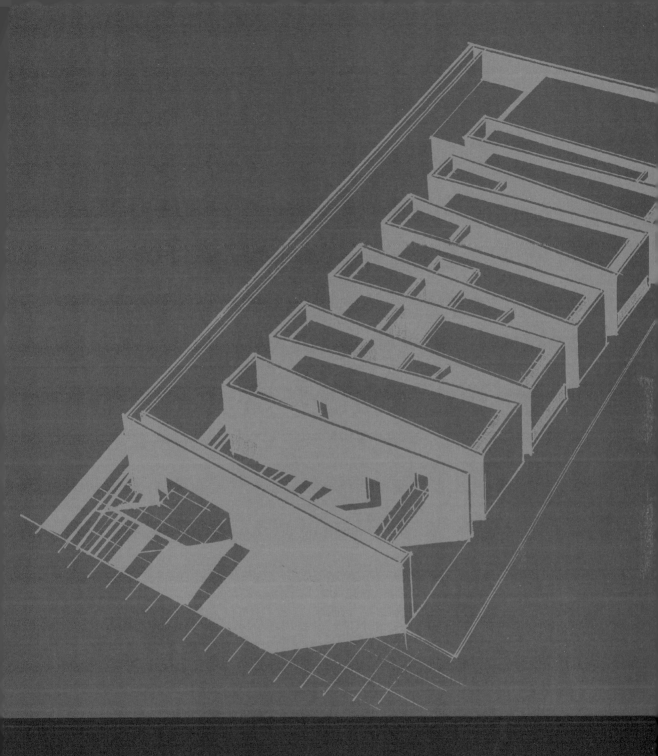

PART 1

上篇 建筑形态操作手法

1 形体操作的目的与原则

1.1 目的

建筑形体操作是建筑设计中的关键步骤，形体操作为建筑带来的不仅仅是美学的价值或者是丰富室内外空间感受，还可以用来解决较为实际的问题，例如回应场地环境中的要素或者是调节建筑的通风与采光。

1.1.1 丰富室内外空间

通过形体操作，建筑的边界将发生改变，内外空间的限定范围也随之发生变化，人在室内外空间中的感受也会不同。在室内空间，形体操作会影响到空间的宽度、高度与空间界限的平整度，创造多重的空间感受，提升室内空间趣味性。形体操作还可以限定出新的室外空间及边界，创造出多层次的人与自然交流的场所。

1.1.2 回应环境要素

形体操作还能够使建筑积极回应环境中的各种要素，接纳积极的环境要素，如景观、地形与风貌，达到建筑与环境的和谐关系；回避消极要素，如噪声源和污染源，提升建筑使用空间的品质。

1.1.3 调节建筑通风与采光

建筑形体还可以对建筑周边的微气候进行调节，加强建筑的自然通风，改善建筑内部空间的自然采光，达到绿色节能的效果。

1.2 原则

1.2.1 针对性原则

建筑的形体操作首先应具有针对性，即每一步的操作都有着合理严谨的推理逻辑，而不是仅仅对于提升视觉效果的空谈。因而进行建筑形体操作前，需要对建筑所处的场地环境进行分析，要善于发现能够用建筑形体操作来作为解决策略的问题。通常场地环境中的人流、景观等要素都可以成为建筑形体操作的切入点。

1.2.2 简练原则

多种建筑形体操作手法可以提升建筑形体的丰富度，提升立面的光影效果。然而处理手法要适量，不宜过多，以防出现体块杂乱而缺乏明显的构成逻辑，通常在大的建筑体量处理上，1~2 种处理手法即可。

2 单形体操作手法

在实际案例中，许多尺度较大的建筑都会以单形体的方式存在，例如大型博物馆、图书馆与办公楼等，小型建筑如果采用集中式的平面布局也会出现单一形体。单形体由于本身形体单一，因而需要进行形态处理来消除单形体的乏味感。在快速设计中，对于单形体的操作手法主要包括削减、添加、推拉与变形，这些操作手法进行的前提是保证单形体建的体量聚合感。

2.1 体块削减

对单形体进行减法处理是快速设计中最常用操作手法，体块的削减可以削弱单一形体的厚重感，使体块变得轻盈且在立面上出现虚实对比。此外，对体量的削减还可以使建筑与山地或台地契合，或者直接凌驾于场地之上来保证室内空间的平整性。体块削减还可以形成庭院空间，为大进深的建筑内部引入自然光线。

2.1.1 局部削减

对于单形体，可以对其进行局部的切割来进行形体操作。局部削减的处理范围一般较小，且一般会尽量保证原体量边界的完整性，从而维持单形体的原型。

1. 底层局部削减

对单形体建筑底层体量进行局部削减可以最大程度维持单形体的整体感，也降低了建筑在近人高度上的封闭感。局部削减还可以形成柱廊，产生连续的线性灰空间（图 2-1）。

2. 中间层局部削减

对于多层的单形体建筑，对中间层削减也是一种常用的形态处理手法。对中间层局部削减可以创造中间层架空的剖面形态，为上层空间的使用者提供了室外停留空间，并且也削弱了单形体的实体感（图 2-2）。

3. 顶层局部削减

对单形体建筑进行顶层局部减法操作可以形成屋顶平台，可以作为视线呼应的设计策略。对顶层空间的形体操作一般都位于边界之中或者是形体之中，尽量避免削减边角空间，从而维持单形体的外部轮廓的完整性（图 2-3）。

2.1.2 整体削减

如果将局部削减的处理范围增大，而对单形体进行整体性的切割，就会使单形体的实体感大大降低，也会使建筑轮廓发生较大的改变。

1. 底层整体削减

对建筑单形体底层整体削减就形成了底层架空的剖面形态，可以塑造"漂浮实体"的视觉感受（图 2-4）。同时整体削减还营造了大量的地面灰空间，可以置入例如活动场地或停车功能。

2. 中间层整体削减

与底层整体削减类似，当对单形体的中间层体量进行整体切割时，会形成中间层架空，也会营造轻盈的体量感（图2-5）。

3. 顶层整体削减

对单形体的顶层进行整体性切割就会改变建筑的立面轮廓，单体的原型感也会降低。但是，整体的体块移除会形成不同标高的屋顶，利用这一特点，可以对形体进行连续切割，就可以形成逐级下落的屋顶平台，营造多层次的室外空间（图2-6）。

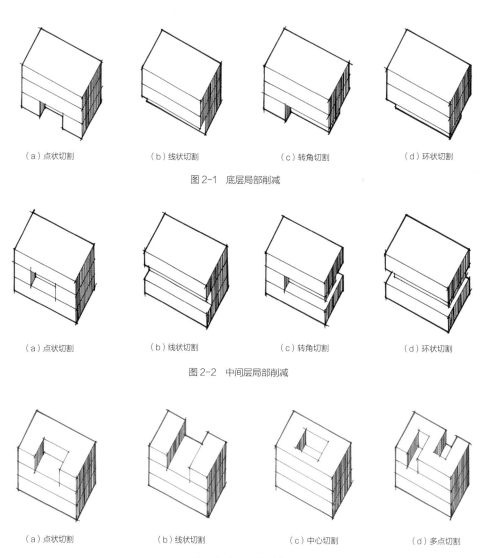

（a）点状切割　　　　（b）线状切割　　　　（c）转角切割　　　　（d）环状切割

图2-1　底层局部削减

（a）点状切割　　　　（b）线状切割　　　　（c）转角切割　　　　（d）环状切割

图2-2　中间层局部削减

（a）点状切割　　　　（b）线状切割　　　　（c）中心切割　　　　（d）多点切割

图2-3　顶层局部削减

2.1.3 穿洞

穿洞也是局部削减的处理手法，这种方式还能够最大限度维持整个建筑单形体轮廓的完整性。

1. 水平向穿洞

水平向的穿洞包括底层穿洞与中间层穿洞。底层穿洞可以实现人流或交通的穿越，加强室外空间的联系性（图2-7）。在平面布局上，也可以通过穿洞的手法让底层空间完全分为相互独立的空间，从而达到分流和分区的目的。中间层穿洞可以营造拥有多向视野的半室外空间，同时位于体量内部的洞口也增添了趣味性，还可以作为取景框来建立视觉关联。

2. 垂直向穿洞

垂直向穿洞可以形成具有围合感的内庭院空间，是处理大进深建筑体量的常用手段（图2-8）。

底层完全削减成为架空状态适合营造室外活动场地或结合停车功能。

图2-4 底层整体削减

中间层削减可以划分立面，形成虚实对比，也营造了具有私密性的室外空间。

图2-5 中间层整体削减

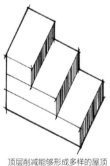

顶层削减能够形成多样的屋顶形态。

图2-6 顶层整体削减

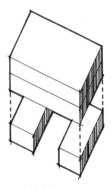

（a）底层穿洞

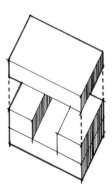

（b）中间层穿洞

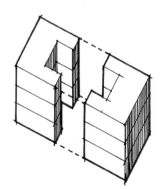

垂直穿洞可以形成内院空间。

图2-7 水平向穿洞

图2-8 垂直向穿洞

2.2 体块添加

加法处理也是最常用的形体操作手段之一，在单形体体量上添加体块可以打破原有体量面的平整性，而在立面或者屋顶形成凸起，成为视觉的焦点。而在平面功能上，可以利用添加的体块扩大房间尺度，或者形成小阳台，满足个别功能的需求。体块添加主要可分为局部整体添加和均质单元添加两种类型，需要注意的是，在进行体块添加操作时，一般需要保证原有体块的主导性，原有体量与添加的体量主次分明。

2.2.1 局部整体添加

局部整体添加是指以建筑主体量为基础，而在某一位置进行加法操作的形态处理手法（图 2-9）。这种局部的添加可以破除原有体量的均质性，自身的凸起与原体量形成鲜明的对比，适用于营造视觉焦点。例如在进行商业建筑设计时，就可以将商业建筑主体设置为一个集中的实体，而在面向人流来向的位置突出体块，并进行虚化处理，就可以起到吸引行人视线和商业展示的作用。除此之外，突出的体量可以为下层空间提供有庇护感的灰空间。

2.2.2 均质单元添加

均质单元体按照一定的规律添加在建筑单形体上可以在建筑表面形成富有韵律的变化，当具有一定密度时，还可以形成新的建筑表皮肌理（图 2-10）。均质单元于平面空间往往是小尺度空间，例如住宅中的阳台，或者是大型建筑中的小型办公室等。均质单元体块在尺度保持相似的同时还可以进行差异化处理来进一步提升趣味性，例如可以做出封闭性和开放性的差异，还可以制造色彩的差异性。

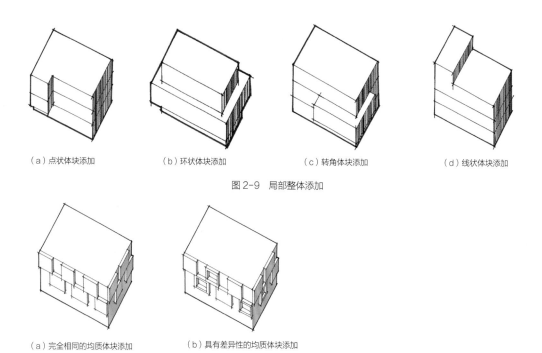

（a）点状体块添加　　　（b）环状体块添加　　　（c）转角体块添加　　　（d）线状体块添加

图 2-9　局部整体添加

（a）完全相同的均质体块添加　　　（b）具有差异性的均质体块添加

图 2-10　均质单元添加

2.3 推拉

对单形体建筑体量做局部推拉是一种容易使人产生动态联想的形体操作手法。在快速设计中会利用悬挑和虚空间来制造体块的滑动感，推拉使原本单一的建筑实体变得具有动态性与不稳定性，也在立面上出现了凹凸与阴影。

2.3.1 竖向推拉

1. 整体错位

是指将建筑体量整体做竖向切割，然后对所形成的分体量进行垂直向的挪移，从而在屋面形成高差。而向上滑动的体块在地面上所形成的空间可以用架空填补，也可以直接用来契合场地地形（图 2-11）。

2. 局部滑动

还可以将建筑的局部体量进行竖向推拉来形成丰富的立面效果，起到强调被滑动体块的作用（图 2-12）。

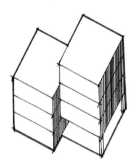

（a）错位空间结合架空　　　　　　　　　　（b）错位空间结合地形

图 2-11　整体错位

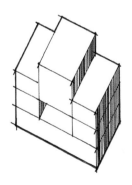
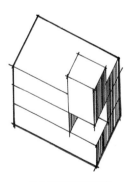

（a）中心局部体块滑动　　　　　　　　　　（b）边角局部体块滑动

图 2-12　局部滑动

2.3.2　水平推拉

1. 整体错位

在水平向也可以首先对建筑主体量进行横向的划分，然后进行水平向的整体位移（图 2-13）。这种操作手法适用于强调立面的横向分层，并且会在立面上形成连续的阴影。

2. 局部滑动

水平向的局部体量滑动最容易产生动态联想，一般会将滑动体块做悬挑处理，滑动体块与建筑主体间的缝隙进行虚化处理来强化距离感。为使滑动更加有趣，还可以将体块进行旋转处理，呈现出从内向外扭转的视觉效果（图 2-14）。

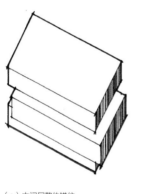 

（a）中间层整体错位　　　　　　　　　　　（b）底层整体错位

图 2-13　整体错位

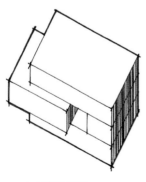 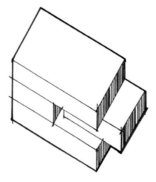

（a）局部体块错位　　　　　　　　　　　（b）局部体块扭转错位

图 2-14　局部滑动

2.4　引入异质元素

在处理建筑单形体时，适当引入一些异质元素如斜线和弧线，结合上文所提及的形态操作手法，就能够得到更具有趣味性和视觉冲击力的形体效果。

2.4.1　斜线

1. 体块削减结合斜线

斜线的介入可以使所形成的虚空间呈现出渐变的斗形空间，在进行建筑入口设计时，这种切割方式可以在形成入口灰空间的同时产生收缩与吸纳的视觉效果。除此之外，这种切割方式还可以处理中间层和顶层体量的削减，用来营造更为丰富的光影面（图 2-15）。

2. 体块添加结合斜线

添加的体块加入斜线元素一方面可以增强其与原有体量间的冲突性，起到更为强烈的吸引视线的效果；另一方面，斜线还可以用于消除体块间的冲突，而使体块间的过渡更为自然（图 2-16）。

3. 体块推拉结合斜线

这里主要指斜向推拉，使滑动的体块进行扭转，来营造正交滑动所不具备的冲击力（图 2-17）。

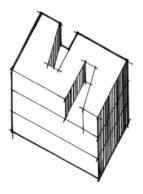
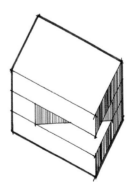

（a）底层体块削减结合斜线　　　　　　　　（b）顶层体块削减结合斜线　　　　　　　　（c）中间层体块削减结合斜线

底层体块削减结合斜线可以形成具有　　　　顶层体块削减结合斜线可以形成具有　　　　中间层体块削减结合斜线可以形成具有
引导性的入口空间。　　　　　　　　　　　趣味性的屋顶平台形态。　　　　　　　　　光影感的建筑室外空间和立面效果。

图 2-15　削减结合斜线

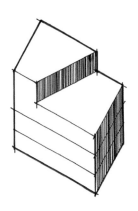
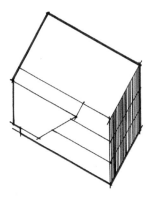

在屋顶或者建筑界面上直接添加具有斜线的体量，可以形成视觉冲突。在空间效果上，则可以局部提升空间高度或者扩大空间尺度。

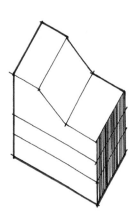
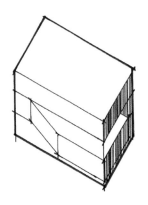

具有斜面的体块还可以在制造冲突的同时使体块间的过渡更为自然。

图 2-16　添加结合斜线

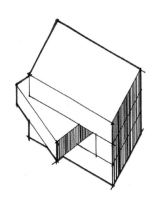

将错位的体块进行扭转，获得更为有趣的形体造型和立面光影效果。

图 2-17　推拉结合斜线

2.4.2 弧线

1. 体块削减结合弧线

与斜线类似，弧线也可以用于引导性的营造，同时弧线的凸起和凹陷可营造出截然不同的空间感受（图2-18）。

2. 体块添加结合弧线

添加的体块引入弧线一般目的也是为了加强冲突，或者是为了过渡自然（图2-19）。

3. 体块推拉结合弧线

将滑动的体块加入弧线，形成与建筑主体量相冲突的几何体，同时由于二者间存在着位移，二者间的冲突性就更加明显（图2-20）。

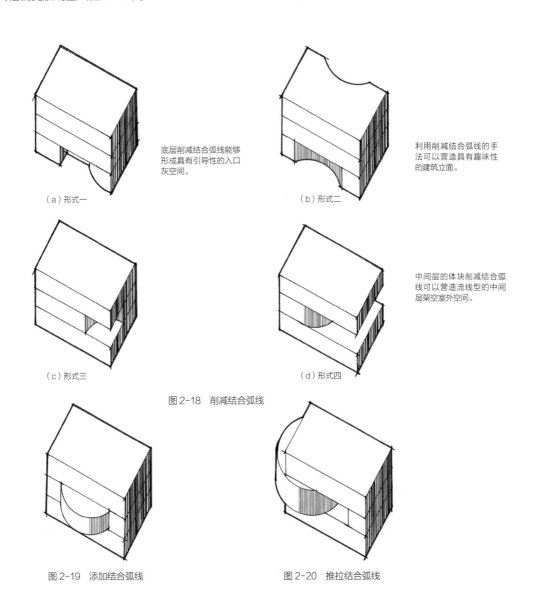

底层削减结合弧线能够形成具有引导性的入口灰空间。

（a）形式一

利用削减结合弧线的手法可以营造具有趣味性的建筑立面。

（b）形式二

（c）形式三

中间层的体块削减结合弧线可以营造流线型的中间层架空室外空间。

（d）形式四

图2-18　削减结合弧线

图2-19　添加结合弧线

图2-20　推拉结合弧线

3 多形体操作手法

当建筑的主体量非单一形体，而是由明显的两个或者多个形体组成时，就需要考虑体量间的关系，多形体之间的关系处理关系到建筑整体的和谐度。在形态构成中，两个或两个以上基本形相遇时，会产生多种不同的关系，总体上分为分离、接触、联合、重合、覆叠、透叠、差叠和减缺八种基本形式。将其对应在多形体的关系上，则可以总结为分离、接触、联合、重合与覆叠。分离、接触与联合可以体现多形体之间的水平关系，而重合与覆叠则表达了多体量之间的纵向关联。

3.1 竖向叠加

竖向叠加可以体现建筑多个形体在纵向上的体量关系。叠加的体量通常会在尺度、材质与色彩上加以区分，或者通过错动扭转来使它们相互独立，从而加强竖向叠加这一形体操作逻辑。

3.1.1 虚实叠加

虚实是指多形体外围护界面的处理方式，围护界面具有强烈封闭感的为"实"，具有通透性的则为"虚"。例如，外围护结构以实墙为主体的形体与以玻璃为主体的形体竖向叠加，就可以形成虚实叠加；实墙围护的体量与架空层空间叠加也可以形成虚实叠加。虚与实还可以指形体的大小，尺度较大的形体为"实"，尺度较小的形体为"虚"，因而大小形体的竖向叠加也可以构成虚实的对比效果（图 3-1）。

3.1.2 错位叠加

将竖向叠加的体量相互错动，就形成了错位叠加。错位叠加消除了对位竖向叠加的"拘谨"，使得建筑整体的形体关系更为丰富有趣，同时局部的错动可以加强多形体自身的独立性，加强构成逻辑。当体块错动位移较大时，还可以结合悬挑营造富有视觉张力的形态效果（图 3-2）。需要注意的是，当体量间位移较大时，需注意竖向交通疏散的布置，一般地，核心交通空间会位于体量的重叠处，当有较多的架空与悬挑体量时，要注意添加新的交通体。

3.1.3 旋转叠加

旋转叠加是一种更具有趣味性的体量叠加方式。旋转叠加意味着每一个体块与相邻的体块间都存在方向的差异性，因而适合位于多景观朝向场地环境中的建筑，来为其争取更多的景观面。此外，还可以用旋转叠加的体量处理手法来呼应不规则地形（图 3-3）。

3.1.4 差异叠加

是指形态不同的形体进行竖向叠加的处理手法，这种手法在实际案例中较为常见，不同形态与大小的形体能够灵活满足建筑功能的需求，同时又能够营造出丰富多变的建筑造型（图 3-4）。

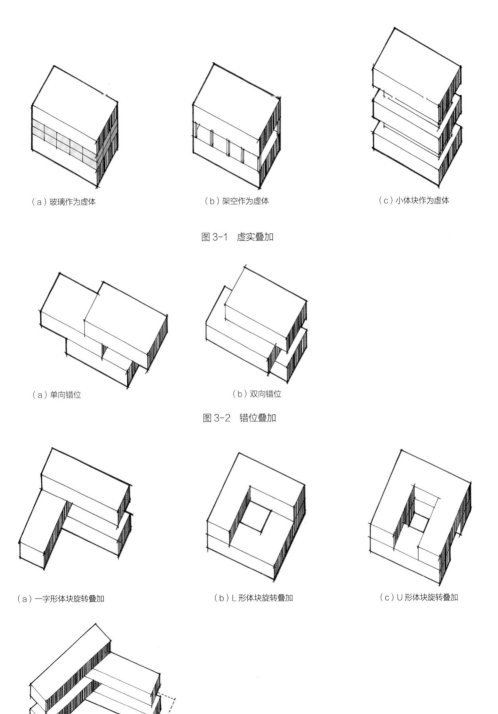

（a）玻璃作为虚体 （b）架空作为虚体 （c）小体块作为虚体

图 3-1 虚实叠加

（a）单向错位 （b）双向错位

图 3-2 错位叠加

（a）一字形体块旋转叠加 （b）L 形体块旋转叠加 （c）U 形体块旋转叠加

（d）利用旋转叠加使建筑外轮廓呼应不规则场地形态

图 3-3 旋转叠加

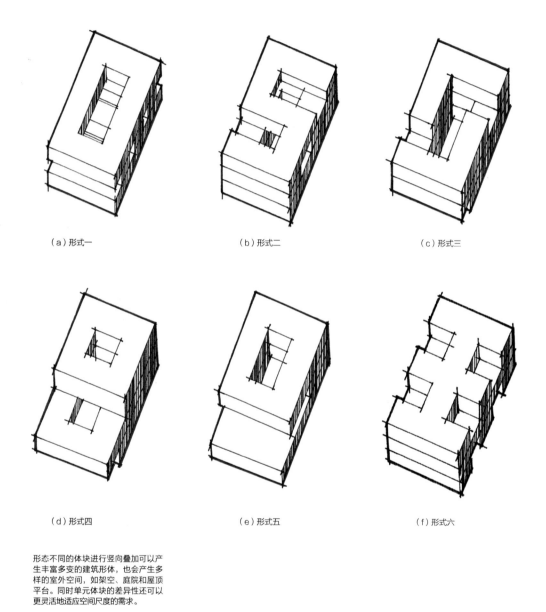

（a）形式一　　　　　　　　　（b）形式二　　　　　　　　　（c）形式三

（d）形式四　　　　　　　　　（e）形式五　　　　　　　　　（f）形式六

形态不同的体块进行竖向叠加可以产生丰富多变的建筑形体，也会产生多样的室外空间，如架空、庭院和屋顶平台。同时单元体块的差异性还可以更灵活地适应空间尺度的需求。

图3-4　差异叠加

3.2 水平并置

建筑的各个形体之间的关系也可以通过水平并置的方式来处理。建筑的各个体量组成部分可以进行尺度的划分，基本上分为两种情况，一是各个体量呈现出均衡的尺度，整个建筑被均质划分；二是体量间存在着明显的尺度差异，存在着主次关系。因而根据建筑每个单形体的体量大小，可以把水平并置的手法分为相似单元重复和主次单元并置两种模式。

3.2.1 相似单元重复

将建筑大体量分解为若干相似的形体可以营造更为丰富的建筑界面，也使得建筑尺度更为近人。对于度假及会所类建筑可以利用这种分解的方式来营造宜人的建筑尺度和丰富的室外环境，同时，由于各建筑体量相似，还可以维持彼此之间的统一联系。相似单元重复还适用于旧城中的新建建筑，将建筑的大体量分解成与老建筑体量相似的形体可以使新建建筑更为和谐地融入旧城肌理。

1. 串联

相似的单元体可以通过串联的方式建立水平向的联系，具体的做法首先可以使体块之间直接接触，粘在一起，通过材质的区分和体块的错位来强调每个体块的独立性，然而这种处理手法会形成较大的建筑进深，需要考虑内部空间的自然采光问题；其次，可以将体块彼此脱开，以线性元素如走廊相连接，这样就可以直接使体块呈现出自身的独立性，并且体块间的缝隙可以为室内空间提供良好的通风与日照，还能将其设计为庭院提升建筑的景观性（图 3-5）。

2. 围合

单元体块还可以通过围合的方式连接在一起。围合的手法可以使每个单元体块面向不同的朝向，还可以形成内庭院空间，营造具有私密感的室外空间（图 3-6）。

3. 积聚

各个单元还可以紧密聚集在一起，形成团状或者积聚的状态，适合于有众多相似功能单元的建筑类型（图 3-7）。例如幼儿园的每个班级的活动室与休息空间就是一个功能单元，在形体上也可以处理成单元的形态，然后将各个单元聚集在一起，就能够形成集聚的形态。

4. 放射

单元体整体还可以呈现出放射的形态，虽然单体之间仍是以类似围合的形态相联系，但是围合强调的是所形成的院落，而放射则注重的是形体向外的延伸（图 3-8）。通常放射状的单元体可以用来对应景观朝向。

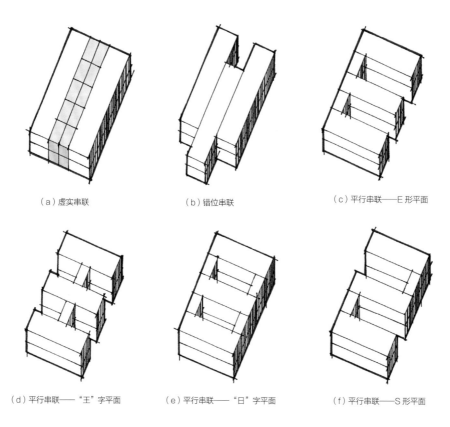

（a）虚实串联　　　　　　　　　（b）错位串联　　　　　　　（c）平行串联——E形平面

（d）平行串联——"王"字平面　　（e）平行串联——"日"字平面　　（f）平行串联——S形平面

图3-5　串联

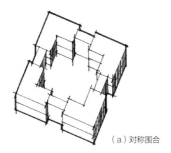

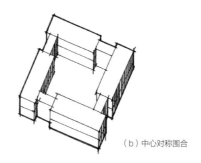

（a）对称围合　　　　　　　　　　　　　　　（b）中心对称围合

图3-6　围合

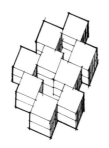

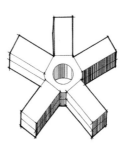

图3-7　积聚　　　　　　　　　　　　图3-8　放射

3.2.2 主次单元并置

体量具有明显差异性的体块也可以进行并置处理，尺度不同的体块可以形成主次感，大体量一般会具有主导性。然而将建筑进行主次体量分解时，需要考虑二者间的比例关系与均衡感。

1. 对称

当多形体建筑包括大体量和若干小体量时，可以采用对称的布局方法。对称可以凸显大体量形体的核心地位，小体量则起到衬托的作用（图 3-9）。

2. 串联

主次单元也可以使用串联的形式进行联系。在进行主次串联时，需要调节二者的比例而缓解由于尺度差异造成的强烈反差，一般调整比例的方式有降低主体量的高度，或者是利用架空等手法在视觉层面加大次要体块的体量感（图 3-10）。

3. 围合

当建筑中的主次单元包含若干体块时，也可以采用围合式的单元组合方式，但是由于体量的差异性，大尺度的体块单元仍占据主导地位（图 3-11）。

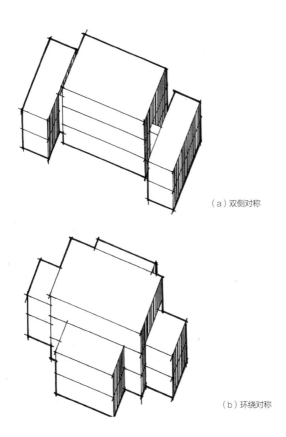

（a）双侧对称

（b）环绕对称

图 3-9　对称

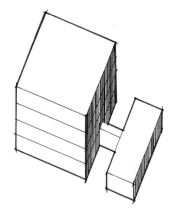

主次体块尺度差异过大,体块组合形体比例不和谐。

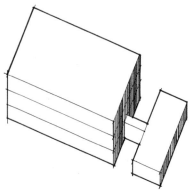

通过降低大体块高度减小大小体块的高度差,弱化尺度差异。

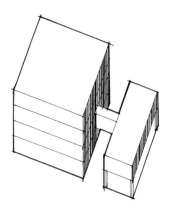

通过架空提升小体块高度减小大小体块的高度差,弱化尺度差异。

图 3-10　串联

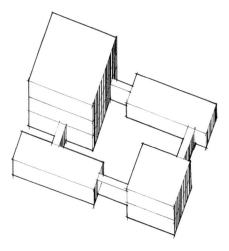

围合可以建立形体单元之间的联系,形成统一的整体。同时通过体块尺度的调整可以凸显主次关系,并形成错落有致的建筑形象。

图 3-11　围合

3.3 体块的穿插、咬合与分裂

除了较为常见的叠加和并置关系，多形体建筑各个体量还可以存在穿插、咬合与分裂的关系。

3.3.1 体块穿插

体块穿插是一种体块相接处的特殊形式，在快速设计中，通常会将截面较小的建筑形体穿过截面较大的体量，体块的穿插感往往会利用悬挑与架空的剖面手法增强视觉效果（图 3-12）。

3.3.2 体块咬合

咬合也是处理建筑体量关系的常用手法。体块的咬合程度可以形成不同的建筑布局形态，当咬合度较高时，体块间的重合部分也就较大，建筑整体也就呈现出较为集中化的布局。当咬合程度较低时，体块间仅有小部分空间重合，建筑整体也会呈现出较为延展的布局（图 3-13）。需要注意的是在进行咬合关系处理时，要合理布置咬合部分的建筑空间，因为咬合部分往往缺乏采光面，因而适合将其处理为开放空间，不放置功能房间。

3.3.3 体块分裂

体块分裂指的是一种视觉感受，即建筑的各个体块犹如是由一个大体量分裂开来而形成。这种处理方式使得各个体量单元之间存在着非常紧密的几何关系，并且分裂的体块间会脱开一定距离来强调碎裂感，缝隙处通常会虚化处理，例如以玻璃围合，立面凹陷或者是直接留作室外空间（图 3-14）。在功能上，一般建筑实体内部为主要建筑功能，而将公共空间、交通共空间和辅助空间放在体块脱开的位置，来达到平面布置与建筑形体操作逻辑的统一性。

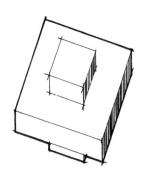

（a）穿插方式一

体块纵向插入可以形成差异较大的平面形态，在立面也会形成大面积的光影效果。

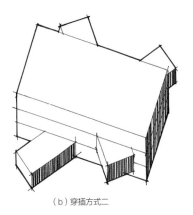

（b）穿插方式二

体块横向插入可以形成具有凹凸变化的立面形态。

图 3-12　体块穿插

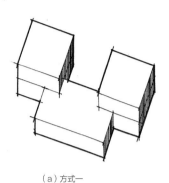

（a）方式一

（b）方式二

（c）方式三

体块咬合程度较低时，可以形成较为舒展的建筑形态。

咬合还可以用于对称化的建筑造型。

体块咬合程度较高时，可以形成具有集中感的建筑形态。

图 3-13　体块咬合

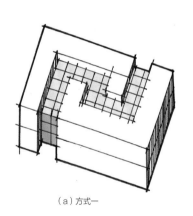

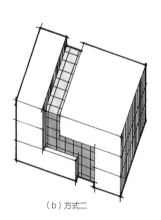

（a）方式一

（b）方式二

采用中心对称的方式对体块进行切割，然后位移产生分裂感，各个体块间会产生"补形"的视觉效果。

（c）方式三

（d）方式四

用直线将体块切割形成若干小体块，然后脱开形成分裂感。

图 3-14　体块分裂

3.4 置入连续元素

当多形体建筑各个体量尺度和比例均不统一时,逻辑关系会较为杂乱,此时就可以置入一些连续统一的形态元素来将这些分散的体量联系起来,加强整体性与构成的逻辑性。

3.4.1 盖板

首先,可以置入水平向的板状元素与各个体量相交,来形成统一的建筑形体。当盖板位于屋顶时,则形成了以盖板为底、各个体块在之上高低错落的屋顶形态(图3-15)。金泽21世纪美术馆就是用这样的处理手法,而将大大小小高低错落的展示空间体量进行了统一。运用盖板元素时,也需要考虑建筑内部空间的自然采光,通常可以用天窗进行处理。

3.4.2 折板

折板是一种常用的统一不同体量的处理手段。折板元素可以运用于建筑平面,结合实墙元素将空间实体进行串联,同时还能形成丰富的庭院空间。折板还可以用于立面,当多个体量进行竖向叠加时,折板元素可以在立面上将其串联,或者进行约束,从而形成连贯统一的建筑形象(图3-16)。

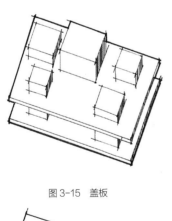

图 3-15 盖板

(a)折板水平串联建筑实体

(b)折板包围建筑实体

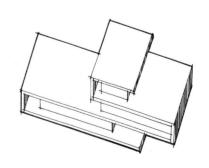

(c)折板竖向串联建筑实体

图 3-16 折板

4 屋顶形态处理

屋顶是建筑的第五立面，因而屋顶形态的处理也是建筑形态操作中的一个重要方面。屋顶造型不但能够丰富建筑形体，消除建筑顶界面的平整感，还能够营造多形态、多尺度的室内空间。此外，屋顶形态处理还能够使建筑与场地环境和气候更为和谐。

4.1 单形体建筑屋顶

对于单形体建筑，除了最为常见的平屋顶造型，还可以对屋顶进行非水平化处理，快速设计中常用的屋顶造型形式为单坡屋顶、双坡屋顶和弧面屋顶。

4.1.1 单坡屋顶

单坡屋顶造型简单富有现代感，适用于多种类型的建筑单体（图4-1）。单坡屋顶还可以延续至地面，结合台阶和屋面绿化形成与环境紧密联系的上人屋面（图4-2）。除此之外，还可以对建筑顶层体量的局部进行类似单坡屋顶的造型处理，就可以形成具有层高差异性的室内空间。在一些大尺度建筑中，也常用这种手法来将高度不同的体块融合为一个整体，而斜屋面下部的空间一般也用于层高过渡，处理为交通空间（图4-3）。

图4-1 单坡屋顶

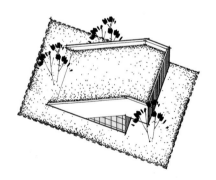

图4-2 单坡屋顶结合上人屋面

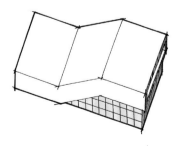

图4-3 单坡屋顶过渡层高

利用单坡屋面可以用来过渡高度不同的空间，消除高度的突变。

4.1.2 双坡屋顶

双坡屋顶是最为常见的坡屋顶类型，并且多见于我国具有一定历史感的建筑。用双坡屋顶呼应历史风貌是一种最为常用的手法，然而在快速设计中，要着重考虑如何将传统的双坡屋顶加入现代化的设计语言，而呈现出与旧建筑完全不同的视觉感受，要避免出现所设计的双坡屋顶造型仍具有较强的老旧感。在快速设计中，双坡屋顶造型处理可以从以下五个方面入手。

1. 置入折板元素

折板元素一般用于双坡屋顶的山面处理。较为简单的做法是将山面形态在山面复制偏移进行缩小，再将所得到的山面轮廓后退，从而在山面制造出折板围合的效果。处理后的山面可以虚化处理，与坡屋顶的实体感形成对比。此外，也可以利用折板对双坡屋顶进行半包围处理，这样就会有一个界面呈现出开放的状态，同时利用折板元素的外挑，还能够形成灰空间与平台。

当建筑层数较多时，山面就会呈现狭长的状态，此时若是直接对山面进行偏移复制会使新的轮廓高宽比不协调，因而可以利用折板将山面分割成两个部分，比例协调的同时也在立面上出现了统一元素（图 4-4）。

2. 引入虚实对比

将整个双坡屋顶建筑看做一个整体，然后对其进行整体化的虚实处理，也可以获得具有现代感的造型。具体的处理手法首先可以将坡屋顶进行纵向的划分，选取其中的一部分进行虚化处理，从而在立面上形成横向的虚实交替。还可以将整个建筑形体横向分层，然后再虚实处理，就能够得到在纵向上有虚实交替的双坡屋顶建筑形态。

此外还可以利用加法与减法来创造虚实对比。加法是指将虚体插入坡屋顶体量中，从而在体量上形成实体和虚体的碰撞，还可以通过复制坡屋顶建筑形体与原体量进行咬合，从而在立面上形成具有虚实感的凹凸变化；减法是指对双坡屋顶进行局部切割而在立面上形成凹陷，凹陷的空间可作为室外平台（图 4-5）。

3. 打破对称性

还可以利用不对称来破除传统双破屋顶的形式。将屋脊线偏移至非居中的位置，就可以得到坡度不等的双坡屋顶（图 4-6）。不对称的双坡屋顶打破常规，更具有视觉张力，能够凸显建筑的个性。

4. 连续化处理

当建筑尺度较大时，还可以将单个坡屋顶的形式进行复制运用到屋面形态处理，这种处理手法能够形成丰富多变的建筑顶界面，也消解了建筑的大体量感（图 4-7）。

5. 反转

双坡屋顶还可以设置为屋脊线下移在中部形成凹陷的形态，类似于两个单坡屋顶的拼接（图 4-8）。这种形态打破了常规，使建筑形态更具有锐利感，适合凸显建筑个性，使其成为环境中的突变要素。

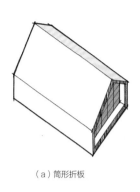
（a）筒形折板

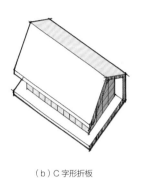
（b）C字形折板

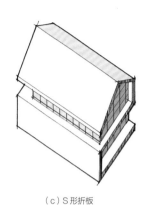
（c）S形折板

图4-4　置入折板元素

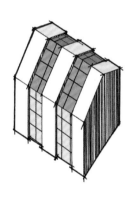
（a）玻璃体作为虚体

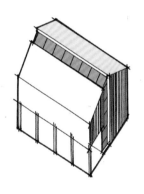
（b）架空与玻璃体作为虚体

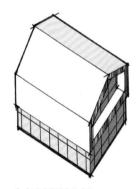
（c）玻璃幕墙作为虚体

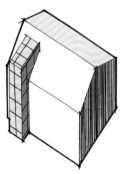
（d）玻璃虚体纵向插入实体

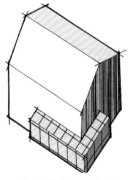
（e）玻璃虚体横向插入实体

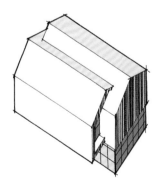
（f）坡屋顶形态复制形成虚体灰空间

图4-5　引入虚实对比

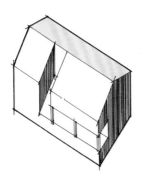

（g）立面凹陷作为虚体

（h）不对称的双坡屋顶更能营造具有现代感的建筑形象

图4-6　打破对称性

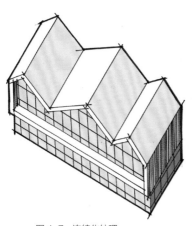

连续化的双坡屋顶可以用来
处理具有大空间（体育场所）
的屋顶形态。

图4-7　连续化处理

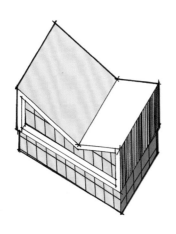

反转后的双坡屋顶更具有视
觉张力。

图4-8　反转

4.1.3 弧面屋顶

弧面屋顶也能够营造富有趣味性的屋顶形式。弧面打破了平面的僵硬感，而使顶界面变得更为柔和。通常弧面屋顶的实现可以通过利用弧形的建筑结构，例如弧形桁架，还可以利用自身的结构受力特性形成拱壳屋面（图 4-9）。双坡屋面也可以进行弧面处理，从而形成更为柔和优雅的建筑形态（图 4-10）。

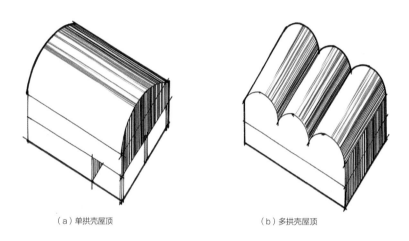

（a）单拱壳屋顶　　　　　　　　　（b）多拱壳屋顶

图 4-9　拱壳屋面

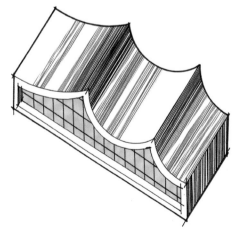

连续的弧面双坡屋顶可以用于模拟自然景观静态，如水体与山。

图 4-10　弧面双坡屋顶

4.2　多形体建筑屋顶

4.2.1　重复

　　对于多形体建筑屋顶形态，重复同一形态元素是快速设计中常用的处理手法。元素的重复可以形成韵律和肌理，也使不同体块之间保持了一种形态上的统一性。此外还可以利用形态重复来呼应环境，例如在山地环境中，连续的坡屋顶形态就能够形成如山川一般的连绵起伏（图 4-11）。

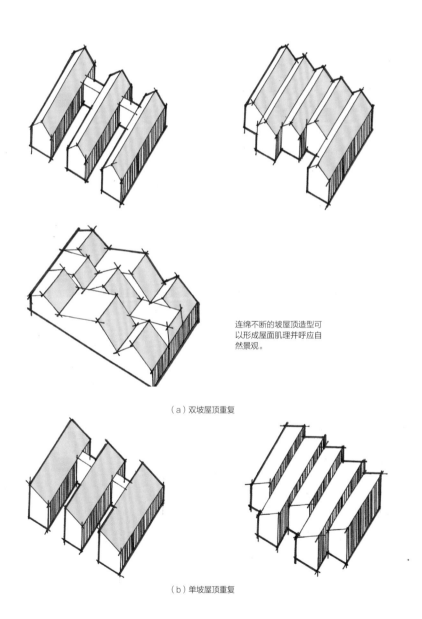

连绵不断的坡屋顶造型可以形成屋面肌理并呼应自然景观。

（a）双坡屋顶重复

（b）单坡屋顶重复

图 4-11　重复

4.2.2 对称

对称大多适用于单坡屋顶形体的组合，能够营造稳定和谐的建筑形态关系，中国传统建筑中的"四水归堂"所用到的屋顶形式就是一种对称关系。在快速设计中，屋顶的形态可以选择完全镜像对称来营造具有仪式感的建筑形态（图4–12），还可以选择相似对称，来追求美学层面的均衡感（图4–13）。

4.2.3 对比

对比是形态构成手法之一，也常常用于建筑形态处理。当形态中的重复元素过多时，就会产生乏味感，因而突变元素就可以打破沉闷感，而带来更为有趣的感官体验。在具体操作手法上，可以利用各类屋顶形态的差异来形成对比，例如坡屋顶与平屋顶；还可以利用非常规坡屋顶形态打破规整的坡屋顶或者平屋顶形态的僵局（图4–14）。

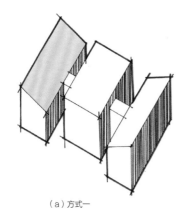 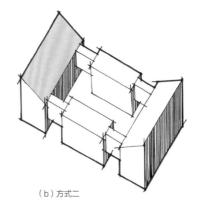

（a）方式一　　　　　　　　　　　　　（b）方式二

镜像对称可以形成具有仪式感的、具有明显中轴线的建筑形态。

图4-12　镜像对称

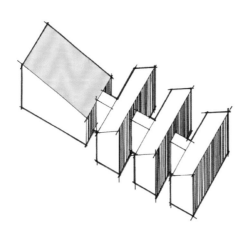

相似对称取得的是体量上的均衡感。

图4-13　相似对称

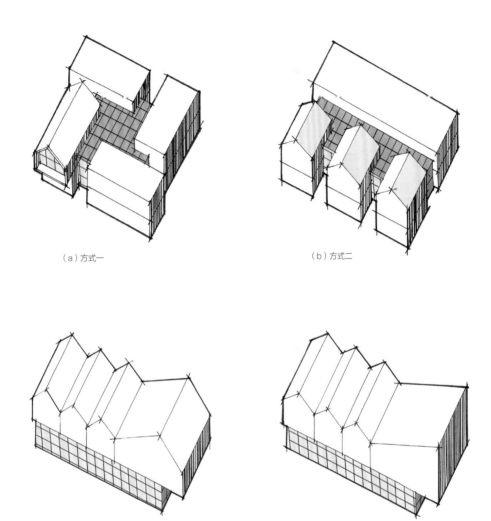

（a）方式一　　　　　　　　　　　　　　　（b）方式二

（c）方式三　　　　　　　　　　　　　　　（d）方式四

利用坡屋顶形态的变化形成同质对比。

图4-14　对比

5 建筑轴测制图与表现

5.1 绘制流程

　　轴测是一种没有形变的透视图，它可以客观全面地表达建筑的形体构成。轴测图一般会展现建筑三个维度上的面，分别为屋顶与两个立面，因而绘制轴测前需要进行方向的选择，一般会将建筑的正立面或者变化较为丰富的立面进行展示。在快速制图中，轴测图的绘制可以按照自上而下的顺序进行（图 5-1）。

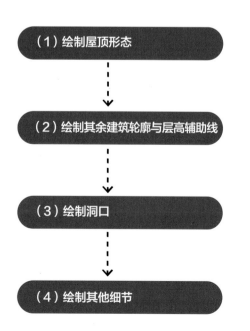

（1）绘制屋顶形态

一般先绘制建筑屋顶的平面轮廓，再进行屋顶造型的塑造、女儿墙细节的绘制和天窗的绘制。女儿墙需要表达高度与厚度，天窗需要表达玻璃与楼板间的凹凸关系以及构件的立体感。

（2）绘制其余建筑轮廓与层高辅助线

从完成的屋顶形态的边角竖向引线就能体现建筑的高度，利用层高辅助线可以确定建筑的落地位置，还可以帮助确定立面开窗的位置。

（3）绘制洞口

包括窗洞口与架空，在轴测绘制中一般需要表达开洞的深度。

（4）绘制其他细节

最后进行细节的绘制，轴测图中的细节主要包括材质（玻璃以及木材），还有一些其他的围护和结构构件，例如楼梯和扶手等。

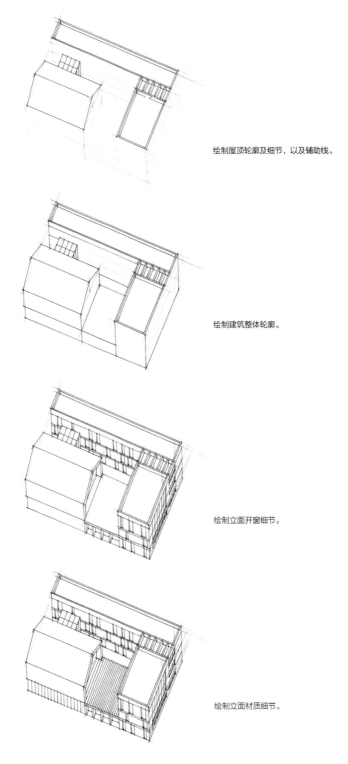

绘制屋顶轮廓及细节，以及辅助线。

绘制建筑整体轮廓。

绘制立面开窗细节。

绘制立面材质细节。

图 5-1　轴测绘制流程

5.2 表现技法

轴测的表达技法主要有两种风格：一是彩色表现，需要运用彩色绘图笔进行上色；二是黑白表现，主要通过线条的排列对建筑界面进行填充。

5.2.1 明暗关系表现

明暗关系表现是轴测绘制中最为基础的表现步骤，主要是通过表现黑白灰关系来增强建筑体量的立体感。首先，需要选取轴测立面中的一个面作为暗面，进行加深，通常可以使用灰度较高的深灰色进行填涂，或者是用排列线条的方式填充。其次是灰面的表达，可以选取为建筑屋面，用浅灰或者较为稀疏的线条填充来与暗面形成对比（图5-2）。

5.2.2 阴影表现

阴影的绘制可以增强轴测的表现力，使图面感受更加丰富而逼真。通常阴影包括主体建筑阴影以及细部构件的阴影，如柱、板与女儿墙（图5-3）。

5.2.3 材质层次表现

色彩可以起到很好的材质表现效果，在绘制中可以根据材质的色泽进行色彩的调配。一般轴测中需要进行色彩表现的材质主要包括玻璃、木质墙体与平台、石材及绿植。在进行黑白表现时，可将材质界面看作灰面进行处理，用线条体现材质的肌理（图5-4）。

5.2.4 环境表现

为使最终的轴测图更具有场景感，表达建筑与环境的关系，还可以适当进行环境的营造。环境一般包括地面的延展和绿植的引入，地面延展主要是铺地方式以及场地构成元素的绘制；而绿植在轴测中的表达主要有两种形式，一种为抽象化的树球，另一种为较为写实的以枝干为主的"线条树"（图5-5）。

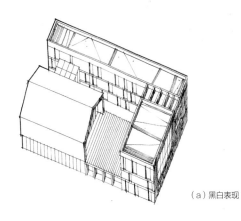 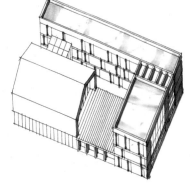

（a）黑白表现 （b）彩色表现

图5-2 明暗关系表现

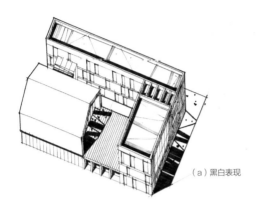
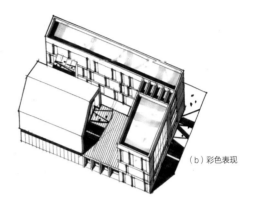

（a）黑白表现　　　　　　　　　　　　　　　（b）彩色表现

图 5-3　阴影表现

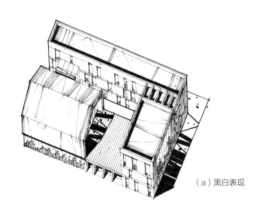
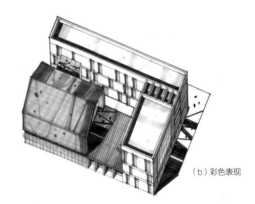

（a）黑白表现　　　　　　　　　　　　　　　（b）彩色表现

图 5-4　材质层次表现

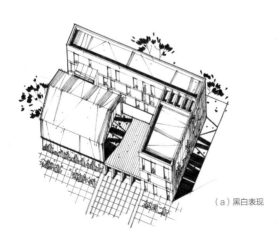
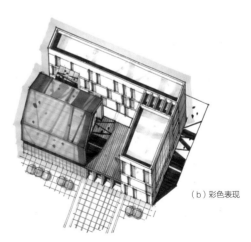

（a）黑白表现　　　　　　　　　　　　　　　（b）彩色表现

图 5-5　环境表现

6 经典案例分析

6.1 万科苏州"岸"会所 / 标准营造

该建筑坐落于苏州工业园区金鸡湖畔的新加坡园区，是标准营造设计的万科苏州"本岸新院宅"项目的一部分。建筑白色调为主，整体空间氛围纯粹而素雅。从建筑形体设计的角度上看，可以总结归纳出以下要点。

1. 折板的运用

"岸"会所由一面长达 500m、高达 9m 的连续白色墙面转折而成，其间围绕成多个带天井的并排院落。会所的东界和南界由 1.5m 厚的墙限定，形成一个半围合的大院子；建筑主体东西向伸展，以连续的墙面转折划分为 13 个连续的院落，墙体转折围合在平面上形成了不规则的瓶口状开间，形成的斜切路径将引导人享受"曲径通幽"的空间体验。

2. 微环境

建筑内部穿插了大小不等的庭院，设置了水体和绿植。这些院落作为重要的平面组成元素，一方面为会所营造了层次丰富的室内外空间，创造禅意空间；另一方面还形成了生态绿色的建筑室外微环境，充分利用水体和绿植的环境调节作用，营造舒适可控的室内外热环境。

3. 建筑形象

建筑是个半围合的矩形大院落，整体形象较为完整。沿东西向伸展，墙体的转折围合在立面上形成了多个窄小的开口，将立面划分为连续且分离的单元；并且东西向墙体中，靠墙体内沿开长条形窄窗，保证沿街立面的墙体效果。南北向墙体中设置若干 600mm 高的"墙底窗"，充分将北向水院中的光影引入室内。室内、院落、水体和绿植，这些元素互相交错，用现代的手法将传统的"苏州情趣"再次呈现。

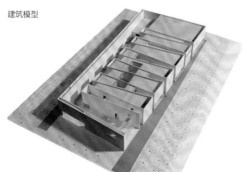

建筑模型

建筑外观

图片来源：https://www.ikuku.cn

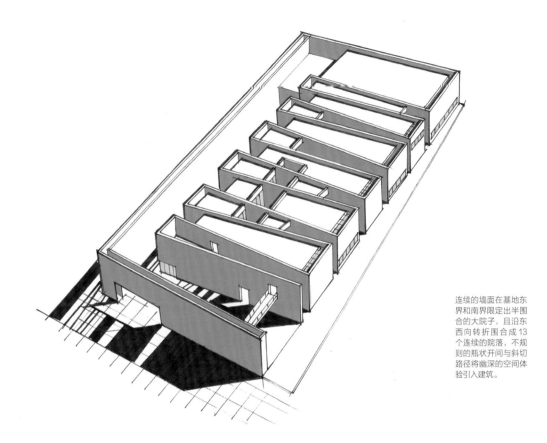

连续的墙面在基地东界和南界限定出半围合的大院子，且沿东西向转折围合成13个连续的院落，不规则的瓶状开间与斜切路径将幽深的空间体验引入建筑。

建筑轴侧图

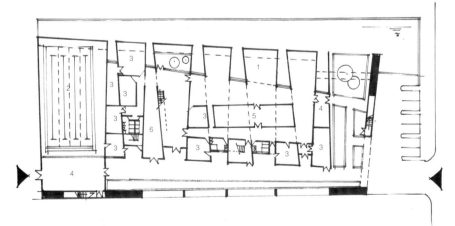

1. 会所空间
2. 室内泳池
3. 辅助管理
4. 门厅
5. 庭院
6. 过厅

建筑师插入若干大小不等的庭院，置入其中的水体和绿植丰富了空间层级，并形成室外微环境，调节建筑热环境。

建筑平面图

6.2 良渚文化博物馆 /David Chipperfield 事务所

良渚文化博物馆位于浙江省杭州市余杭区良渚镇美丽洲公园，由建筑师 David Chipperfield 设计，是一座综合反映良渚文化考古与研究成果的专题性博物馆。博物馆由四个长条形建筑体量构成，展览面积 4000m²，内设 3 个常规展厅、1 个临时展厅及文物占用库房等。整个建筑简约、厚重、大气，有着极强的雕塑感，并且注重景观和自然的结合。从建筑形体设计和平面设计的角度看，可以总结归纳出以下要点。

1. 体块并置

博物馆由四个平行的体量构成，四个体量的边长同为 18m，高低错落，形成一种建筑中独有的雕塑形式。长条形体块的组合有三点主要原因：一是基于地形的考虑，简单的轮廓较容易融入基地；二是从空间出发，长条形更具有引导性；三是从流线考虑，游客在长条空间内，根据错动的边界改变参观方向，流线明确而高效。

2. 庭院置入

沟通四个建筑体的是三个天井式景观庭院，通过庭院的置入和连接，打破了封闭，使整个内向且整体的设计内外连通着自然。每个展示功能体量内部插入一个庭院，让游客在观展的同时，享受高品质的休息交流空间，更富有江南的生活气息。

3. 流线设计

博物馆建造在一个人造的地形上，参观流线的起点和终点都是以桥梁与外界连接的景观庭院。整个流线在设计上也尽量蜿蜒曲折，不仅通过一些景观空间衔接各个展厅，并且通过隔墙、展品阻碍视线，让整个参观过程充满期待和趣味。

建筑外观

建筑入口透视

图片来源：https://www.dezeen.com

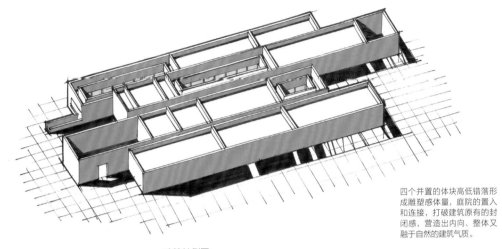

四个并置的体块高低错落形成雕塑感体量，庭院的置入和连接，打破建筑原有的封闭感，营造出内向、整体又融于自然的建筑气质。

建筑轴侧图

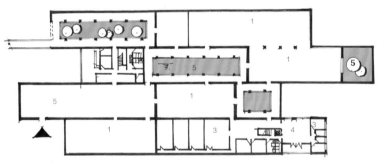

1. 展览空间
2. 办公用房
3. 辅助用房
4. 门厅
5. 庭院

以庭院作为参观流线的起点和终点，整个参观流线的组织也通过庭院、隔墙等元素的衔接，尽量蜿蜒曲折，活化空间功能和层级。

建筑平面图

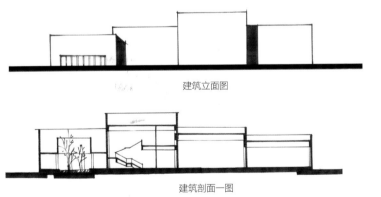

建筑立面图

建筑剖面一图

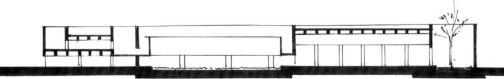

建筑剖面二图

6.3 UC 创新中心 /ELEMENTAL 事务所

UC 创新中心位于智利圣地亚哥大都市区，由 ELEMENTAL 事务所设计。主要是提供给各个公司、商务机构等其他机构一个聚集地，能和大学的先进知识创建体系及研究者进行交互。建筑面积 8176m²，采用了相对严谨的几何形态和整体感强烈的材质。从建筑形体和气候适应性角度看，可以总结归纳出以下要点。

1. 体块错动

建筑师在建筑不同的层高上引入了体量的凸出和凹进处理，不同位置的凸出体、玻璃幕墙和内凹庭院在建筑外部衍生了层次丰富的建筑空间。凸出体量之外的玻璃幕墙，提供了视线的通透性，同时在立面上演绎了强烈的虚实对比关系。

2. 气候适应性

建筑地处沙漠性气候区，对玻璃高楼不加批判的使用，会引起室内严重的温室效应和巨大的制冷设备能耗。通过在剖面上设置通高中庭，在平面上将建筑的功能空间放置在周边并且隐藏起来，可以有效避免阳光直射并且形成良好的热压风压通风。这样的设计策略，以创新的方式回应了气候适应性，整个建筑以强有力的存在形式与环境产生了有机的互动与对话。

建筑外观

建筑中庭

图片来源：https://www.archdaily.cn

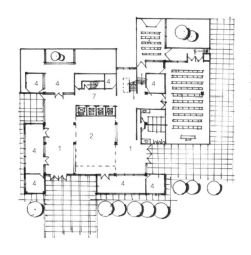

1. 门厅
2. 中庭
3. 报告厅
4. 辅助管理
5. 办公室
6. 室外平台
7. 电梯厅
8. 中庭上空

围绕通高中庭组织平面，功能空间放置边缘并隐藏，有效避免沙漠气候严重的温室效应，且便于组织自然交叉通风。

建筑首层平面图　　　　　　　　　建筑标准层平面图

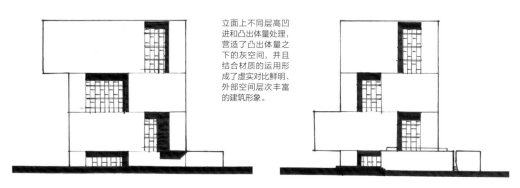

立面上不同层高凹进和凸出体量处理，营造了凸出体量之下的灰空间，并且结合材质的运用形成了虚实对比鲜明、外部空间层次丰富的建筑形象。

建筑立面图一　　　　　　　　　建筑立面图二

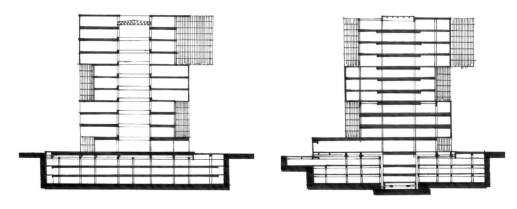

建筑剖面图一　　　　　　　　　建筑剖面图二

6.4 摄南大学枚方校区 /Ishimoto Architecture

摄南大学枚方校区教学楼位于日本京都八幡町，由建筑师 Kou Ohashi 设计，建筑面积 3069.88m²。教学楼为护理专业设计，所需的主要功能房间是教室、培训室和会议室。建筑采用了白色石材、玻璃和金属材质，形体上有着丰富的层次和变化，空间氛围明亮、通透且活泼，以简洁的设计方式营造出护理专业理性严谨的气质。从建筑形体设计角度看，可以总结归纳出以下要点。

1. 体块消减

建筑师在建筑不同层高处进行了体量的消减，消减的变化带来建筑空间容积的流转。凸出体量的错位和架空，结合柱廊营造了不同高度的入口灰空间、内凹边庭和露台，在建筑外部形成了层级丰富的趣味空间和虚实对比，以及细腻的光影效果。

2. 底层架空

建筑底层建筑立面后退形成的柱廊，是建筑内外空间的过渡，延续了室内外空间组织的连贯性，并且形成了丰富的光影韵律感。底层架空使中庭空间的玻璃立面和室外的楼梯以一种通透活泼的方式呈现，暗示了建筑内部空间的开放性和流动性。

3. 中间层架空

教学楼在局部设置了一层或两层的局部中间层架空，在平面上衍生出作为庭院和露台的灰空间，与不断变化位置的直跑楼梯结合，构成建筑中活泼跳脱的有机趣味空间，也契合以交流和聚集为中心的核心设计理念。并且中间层的架空在建筑立面上展现出灵动通透的空间效果，以及与凸出体量的虚实对比。

4. 庭院设置

教学楼内部设置了 3 层的通高核心中庭，营造了一种聚会模式，创建了一个活泼的、能提供各种活动的多功能场所。主楼梯、走廊和休息场所位于核心中庭，使建筑的流动性和聚集性得到加强。架空层的设计形成了丰富的边庭，以室外直跑楼梯相连接，为建筑提供了生机盎然的空间层次关系。

建筑外观

建筑架空

图片来源: https://www.archdaily.cn

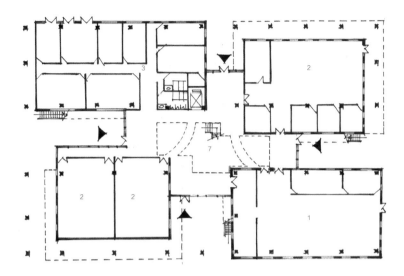

底层架空形成入口灰空间，延续室内外的通透连贯；中庭空间包含交通功能，同时提供交流的共享空间。

建筑一层平面图

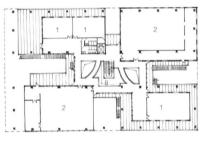

1. 教室
2. 护理培训教室
3. 办公室
4. 科研室
5. 讨论交流室
6. 会议室
7. 中庭
8. 中庭上空
9. 室外平台

建筑二层平面图

建筑三层平面图

中间层局部架空，形成了庭院和露台，直跑楼梯以活泼的方式连接，创建有机趣味的共享空间。

建筑立面图

不同层高处的体块削减，形成凸出体量的错位和架空，衍生出层级丰富的灰空间和庭院，演绎出立面造型鲜明的虚实对比和细腻的空间层次。

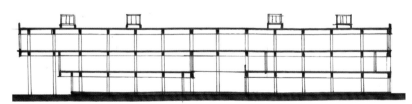

建筑剖面图

6.5 Son Yang Won 纪念博物馆 /Lee Eunseck+KOMA

此建筑是为纪念韩国爱国者、基督教的圣徒 Son Yang Won 虔诚的一生而建造，位于韩国的庆尚南道，建筑面积 1268m²。整个纪念馆是一个裸露的混凝土圆柱体，呈封闭姿态与外部空间隔离，同时清晰地揭示了纪念馆的象征符号。从建筑形体设计角度看，可以归纳总结出以下要点。

1. 体块穿插

纪念馆以圆柱体和长方体体量进行相互叠加，形成了一个穿插的系统，通过体量的穿插将空间转换为符号来展览。纪念馆主要展览空间位于长方体体量内；空心圆柱体作为交通空间穿插其中，藏于其中的狭窄坡道和楼梯将下部水域、展示空间和上部天空有机地组合在一起，营造了具有仪式感的参展流线。

2. 体块并置

穿插进入圆柱体内部的长方体体量，以廊道连接划分成并置的三个独立展厅，构成了一个动态穿插的有机系统。

3. 底层架空

建筑师采用了底层架空的设计手法，将"混凝土圆柱体"底面与下方水体完全脱开，架空的底层烘托了上部漂浮的圆柱体。在圆筒的一角以具有不同质感的混凝土结构墙体支撑，另一角以分散布置在场地内的柱子支撑，架空的底部空间为建筑内部和外部空间建立了通透的视线关系，一定程度上打破了建筑的封闭感和隔离感。

4. 庭院空间

混凝土圆柱体底层架空衍生出了一个内向的庭院，水体的置入增加了庭院宁谧肃静的氛围，契合建筑物纪念和缅怀的肃穆主题。从水面向上蜿蜒的坡道是进入纪念馆的起始点，狭窄的坡道和静谧的水院沉淀了人们繁杂的思绪，引领参观者进入追忆 Son Yang Won 的精神空间。

建筑外观

建筑中庭

图片来源：https://www.archdaily.cn

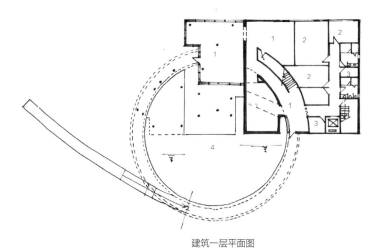

矩形体量主要包含展示空间，圆柱体作为交通空间穿插在矩形体量中，有机组织串联起下部水域、展览空间和上部天空，功能分区明确，同时纯粹的几何构图极具仪式感和纪念感。

建筑一层平面图

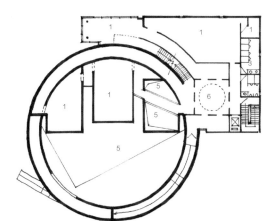

1. 展览空间
2. 管理办公
3. 辅助用房
4. 水面
5. 上空
6. 展览入口空间

二层展示空间分隔为三个并置的体量，以廊道连接，构成有机的动态穿插系统。

建筑二层平面图

建筑剖面图一

混凝土圆柱体底层架空，开放底层视野，形成体量轻盈的悬浮感；结合下部水域，创建宁静肃穆的入口氛围，契合建筑的纪念主题。

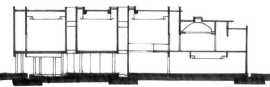

建筑剖面图二

6.6 EI Tranque 文化中心 / Bis Arquitectos

该项目位于智利安第斯山脉脚下，建筑面积 1400m²，是智利城镇社区文化中心和基础设施国家项目规划的一部分。建筑连接了传统和现代，创建了一个融合集成空间，促进居民和演员之间、居民和居民之间的交流、凝聚与融合。从建筑形体设计角度看，可以总结归纳出以下要点。

1. 体块叠加

建筑作为文化中心，其本身形体极具创造性，它的形体是由两个方向的 L 形体量上下叠加后所产生的。底层是代表石头构成的 Zocalo 体量（一种传统建筑），采用钢筋混凝土，坚固且植根于土地；二层是悬浮的、现代的、空灵的体量，由金属结构和拉伸后形成的桥梁构成，它以自身的阴影来限制中心广场。在这种逻辑下，每个体量充当了不同的功能角色，底层体量主要是传播性的公共空间，二层体量提供造型艺术、舞台和烹饪方面的培训。

2. 底层架空

建筑师采用体量叠加的空间处理方法，形成了建筑西向和南向的底层架空空间，二层体量悬浮在一系列不规则立柱上，以一种轻盈的姿态与基地表面完全脱开。同时衍生的灰空间作为庭院和建筑外部环境的过渡与中介，限定了中心庭院的同时，柔和了建筑外边界，活化了建筑与外部城镇街道的空间的流动性，契合文化中心的主题精神。

3. 内庭院

由反向双 L 形体量围合成的内庭院，提升了建筑的空间品质，同时也是一个让建筑"公众性"和"凝聚性"最大化的地方。

4. 屋顶绿化

建筑师采用屋顶绿化的处理方式，将周围山脉的景观和城镇的绿化延续至建筑，自觉实现了景观视线关系的有机衍变。同时，屋顶绿化平台为文化中心平添了一份静谧清新氛围，为使用者提供交流休息的场所。

建筑外观

建筑中庭

图片来源: https://www.archdaily.cn

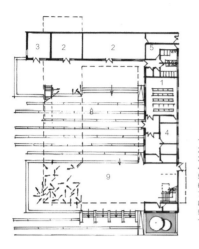

1. 大礼堂
2. 展览馆
3. 咖啡厅
4. 办公室
5. 辅助用房
6. 音乐厅
7. 培训教室
8. 庭院
9. 架空空间
10. 庭院上空

建筑一层平面图

建筑二层平面图

建筑西向和南向的底层架空，营造了二层体量的悬浮感，衍生的灰空间作为内部庭院和外部街道的过渡，柔化建筑边界。建筑采用上下功能分区，下层为传播性的公共空间，上层为提供教学培训功能的相对私密空间。

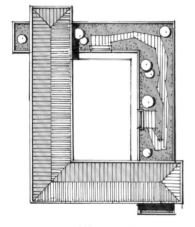

建筑屋顶平面图

反方向上下叠加的L形体量，围合出内向庭院，最大化建筑"公共性"和"凝聚性"。屋顶绿化将周围山脉景观自觉引入建筑，提供给使用者清新的绿色交流空间。

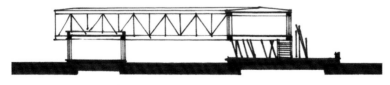

建筑剖面图

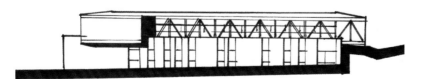

建筑立面图

7 快速设计作品评析

7.1 美术馆设计

题目中通过给定的建筑结构对于建筑内部空间进行了限定，因而在形体操作的过程中需要考虑形体与建筑内梁板柱的结构关系。同时需要在展览流线与限定空间内，完成对于两个特殊展品的考虑，该空间在形体上应有一定回应。就该方案的形体操作来看，整体形式操作手法明确，造型与平面呼应，表现力强，下面将从以下四个方面对方案进行评析。

1. 单形体

根据题目要求，建筑应在 65m 长、25m 宽的长方形体量之内进行设计，方案整体延续题目要求，以单形体的方式进行了简洁的形式操作。

2. 形体加减

设计者通过形体加减的方式赋予单形体建筑以韵律与变化。通过适当体块的削减，增加了露台及退台空间，提升了空间及建筑体块的丰富度。

3. 形体切挖契合功能

方案的形体切挖与内部平面功能相契合，两个 6m 展厅体块交错产生了退台空间，12m 展厅及咖啡厅空间衍生出转折形体，同时室外露台与交通空间相邻，使使用者到达顶层后得到较好的缓冲空间和较大的视野。

4. 辅助空间

方案采用了点状的组合模式，辅助空间散落布置在平面流线中，提供了快捷有序的竖向交通。

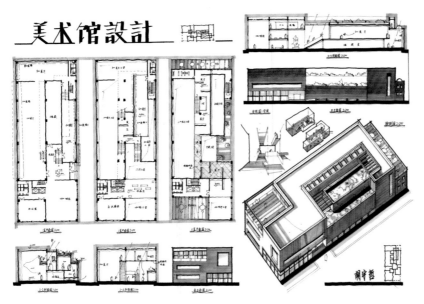

作品表现／设计者：胡宇哲

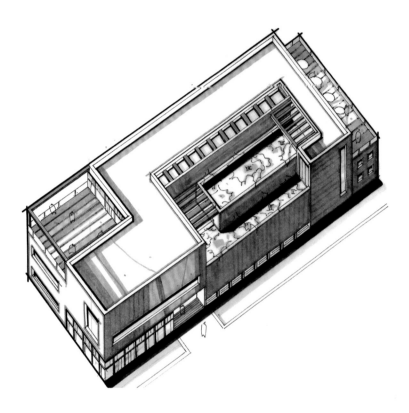

利用屋顶平面形成削减的形体效果，也形成了室外活动区域。

轴测图

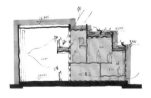

利用屋顶平面形成削减的形体效果，也形成了室外活动区域。

小空间层高较低，利用这一特点在屋面上形成凹陷。

不同高度的展厅在形体上形成了参差错落的小体量，丰富了形体层次。

分析图

7.2 游客服务中心设计

　　该题目要求设计方案应需要处理好建筑与环境之间的关系，同时需要处理各功能之间的联系，因而在形体操作中，应格外注意形体与环境、形体与功能的融洽及和谐。该方案将四个功能部分分为四个主要体块，逻辑清晰，与周围环境融洽，体量适宜。下面将从以下四个方面对方案进行评析。

1. 多形体

　　方案根据设计要求的功能，采用多形体的处理手法，将四个主要功能转化为 4 个主体体块，置入树木之间的缝隙。同时，体量间运用环形体块将其串联起来形成整体，提高了建筑整体的统一性。

2. 水平并置

　　多个体块在水平面上展开，具有较高的延展性，整体体块较为舒展、松弛，形成水平并置的状态。

3. 多形体向心围合

　　方案在多形体的操作上，选择向内围合的方式，多个形体通过围合形成具有一定向心性的空间，形成了一定的空间围合。

4. 多种形态元素

　　在形体操作上，不仅在方形体量上具有大小尺度的变化，同时运用圆形元素，增加了形态变化，使整个建筑更加生动活泼。

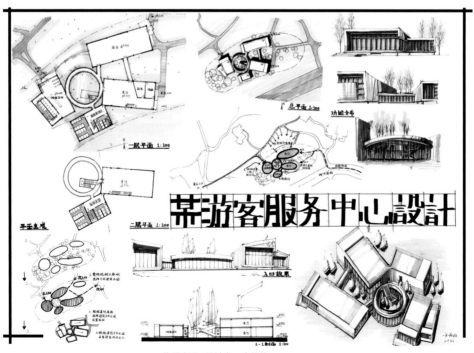

作品表现 / 设计者：方格格

四个单元形体呈围合放射状自由分布在场地中，与自然的无序感相呼应。多形体之间通过圆形玻璃环廊联系，圆形环廊围合成内庭院形成核心公共空间。

轴测图

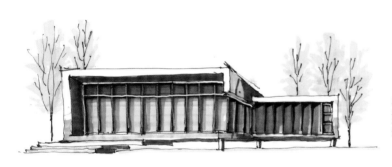

立面设计采用折板元素，通过对虚体围合或者半围合营造相似而不同的建筑单体。木质格栅在色泽材质上呼应了自然环境。

透视图一

环廊的玻璃材质可以使景观穿透建筑实体，保持视线的通达。

透视图二

7.3 艺术家工作室设计

该题目在设计时，应考虑建筑与地形、周边道路的形态和空间呼应，因此，在形体操作时，应注意建筑体量与周边环境的空间关系。该方案在形态操作上手法明确，运用单形体的方式，通过减法、推拉等操作手法丰富整体空间。下面将从以下三个方面对该方案的形体操作进行解析。

1. 形体呼应 整体单形体

该方案在形体操作时，整体以单形体的方式置入场地，同时考虑到场地为异形场地，形体形状与基地形状高度契合，对场地进行了呼应。

2. 减法

在运用单形体的体块时，加减法的操作手法常常用来对体量进一步细化。本方案主要采用了减法的方式，根据建筑的功能与需求，挖出庭院空间、露台空间，提升了建筑环境品质与空间层次。

3. 推拉

设计者在形体操作时，对原本完整的形体体块进行了水平向的推拉，使体块间产生了有机错动，形成内部的灰空间以及露台空间，使整个方案的空间层次更加丰富。

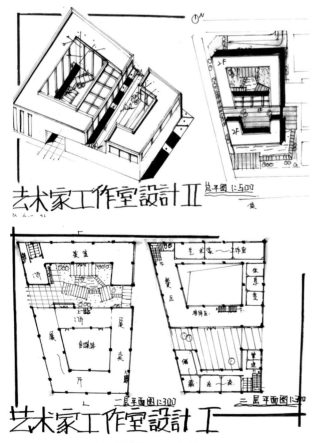

作品表现 / 设计者：侯江韵

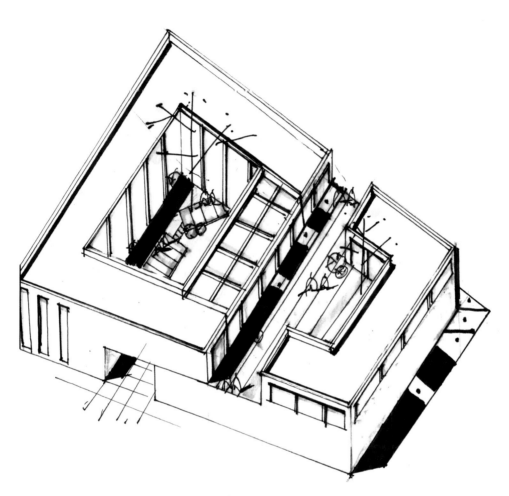

轴测图

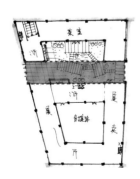

首层平面的底层架空形成了两形体推拉所生成的间隔。

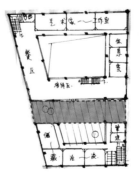

二层平面利用屋顶平台形成了两形体推拉所生成的间隔。

分析图

7.4 建筑艺术交流中心设计

题目中的建筑设计交流中心与城市中的步行街相邻，周边有一定量的老建筑，因而在形体操作的过程中应考虑建筑整体与老建筑的关系。就该方案的形体操作来看，整体体块明确，虚实对比强烈，形体与周边环境契合，下面将从以下四个方面对方案进行评析。

1. 多形体

方案考虑到周边老建筑的尺度以及新建筑与老建筑的关系，采用多形体的手法，将整体依据功能划分为多个体块，保持了与周边老建筑尺度的和谐与统一。

2. 多形体围合

方案中，多个形体相互围合，形成具有内向性的庭院空间，形成合院的形式，强调新旧形式的变换。

3. 单坡屋顶

因基地周边有一定量的老建筑，方案采用了单坡屋顶的形式与周边建筑呼应，同时各体块单坡屋顶向内向庭院倾斜，使整个方案形成一个整体，并使庭院产生一定内向、私密的氛围。单坡屋顶的形式却不显单调，通过细部变化使整个建筑更加生动活泼。

4. 水平并置

该方案在水平向上采用多体量进行并置，利用虚体量进行连接，使建筑接受到最大的南向采光，为整个艺术交流中心提供了良好的空间感受。

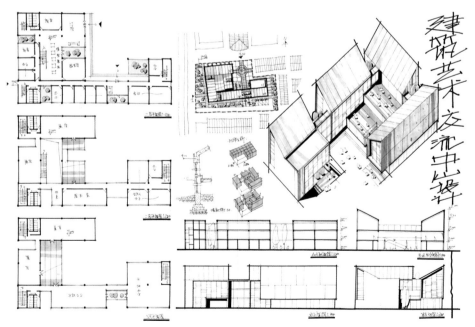

作品表现／设计者：王梓榆

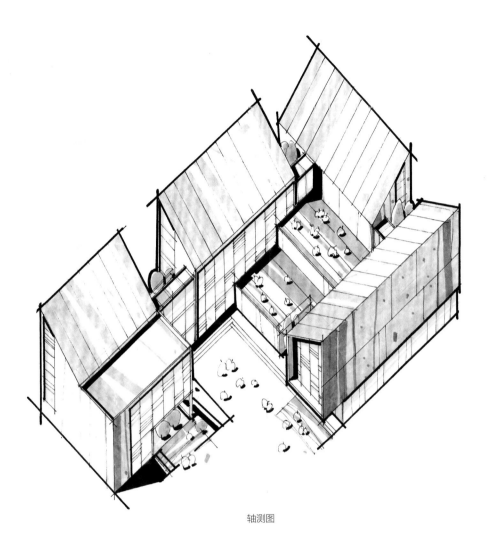

轴测图

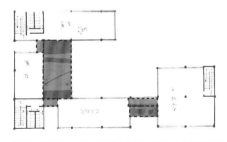

多形体之间脱开，成为相对独立的单元，后置入公共交通空间一廊来进行连接。屋顶平台和小花池也起到了联系实体的作用。

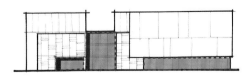

形体之间的廊用玻璃围合形成虚体，起到划分实体的作用。首层建筑空间也用玻璃幕墙进行围合，也可以起到烘托实体的作用。

分析图

7.5 幼儿园设计

　　该题目基地位于北方寒冷地区，幼儿园宜采用集中式处理，同时，应保证活动室有充足日照与采光，建筑在形体上应形成丰富的建筑空间，来迎合儿童活泼的性格。该方案在形态操作上，通过多形体组合形成较为完整的集中式建筑，逻辑较为清晰，体块比较明确。下面将从以下三个方面对该案例进行解析。

1. 多形体

　　方案整体采用了多形体的方式，呼应了周边已有建筑的尺度，使新建筑在环境中不显得突兀，更好地融入于环境之中。同时，多形体通过重复出现，形成了一定的韵律感与节奏感。

2. 水平并置

　　多形体通过水平组合的方式，形成了较为集中的体量，呼应了题目中北方寒冷地区的题意要求，同时形体通过两列水平向并置，产生了富有灵活性的围合庭院活动空间。

3. 双坡屋顶

　　设计者在形体操作时，整体采用了双坡屋顶的形式来呼应周边的老建筑，同时双坡屋顶连续并置，形成了丰富的节奏感与空间感。

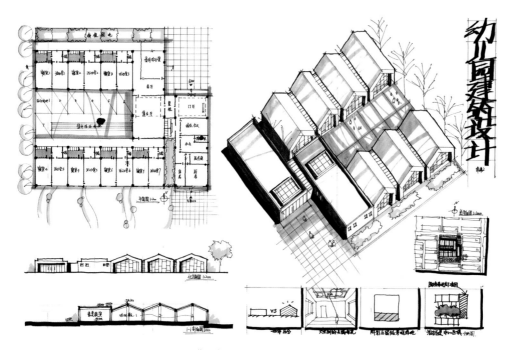

作品表现 / 设计者：佚名

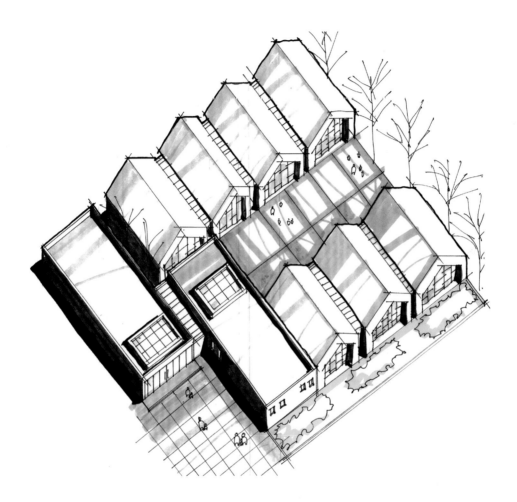

轴测图

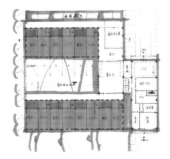

将每个教室单元处理为一个单元形体，逻辑清晰且起到了强调核心功能的作用。

每个单元之间置入虚体来进行体量划分，形成一实一虚的节奏韵律。同时，虚体也为建筑内部空间提供采光。

分析图

7.6 城市规划馆设计

　　题目中的规划馆展示馆建筑周围景观良好，紧邻体育公园。因而需要考虑建筑与环境的关系，尊重城市原有肌理。由于建筑功能较为复杂，所以在形体操作上需要考虑与周边体育公园、体育设施及中心横河景观等的尺度关系和空间关系，同时处理好与建筑功能布局以及与空间之间的关系。就该方案的形体操作来看，形体操作手法明确，整体造型简洁，同时不失变化。下面将从以下三个方面对方案进行评析。

1. 多形体

　　方案采用了多形体的方式，多个体量相互交错形成空间的错动关系，产生出虚实对比与凹凸空间，从而与周边环境产生了丰富关系，为主入口提供了一定的缓冲空间。

2. 竖向叠加

　　方案在形体设计时，在竖向设计上也进行了形体的高低错动，不同建筑体量在竖向进行叠加，衍生出特有的韵律感的同时思考了体量竖向叠加时交通核的位置以及内部功能与形体间的联系。

3. 双环形

　　形体采用双环形的体量，西侧环形内部形成通高空间，并结合天窗进行采光；东侧环形内部形成庭院空间，使整个体量形成强烈的虚实对比。

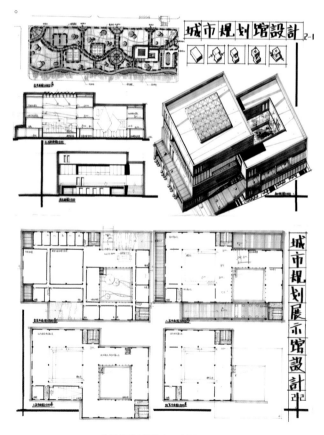

作品表现 / 设计者：李辰

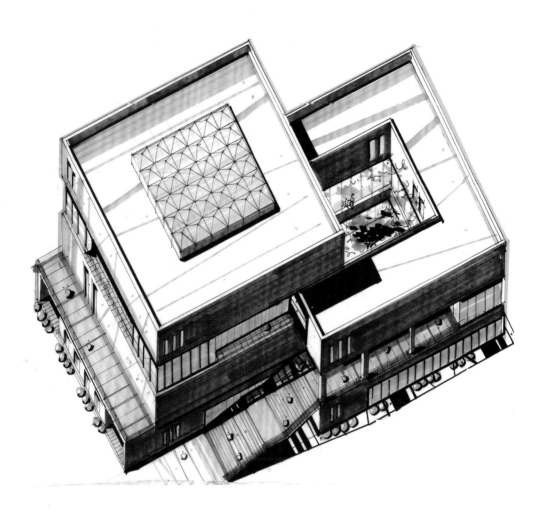

轴测图

回字形体量通过设置室内通高天窗，以及内向
庭院形成，并在两个"回"字形体的重合部分
设置开放展览空间。

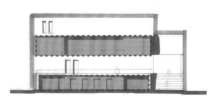

虚体实体竖向叠加，形成了清晰的体块操作逻辑。

分析图

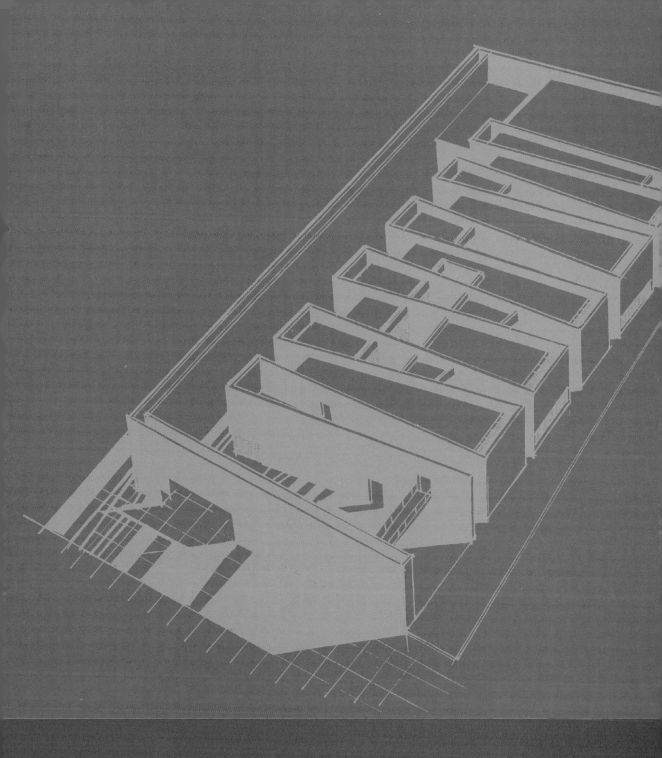

PART 2

立面操作的目的与原则

8.1 目的

8.1.1 营造适宜光环境

　　立面是建筑的围护界面，其通透性与建筑内部空间的进光量密切相关。因而通过立面操作例如窗洞的大小、玻璃材质、窗洞的形态与深度的改变，就可以满足各个建筑空间的采光需求，营造适宜的内部光环境。

8.1.2 强调形体逻辑

　　建筑形体的操作逻辑可以通过立面操作进一步体现。立面中的横向元素可以强调体块的竖向叠加，纵向划分则可以体现体块的水平并置，而单元化的处理则可以表达体块的积聚与节奏感。

8.1.3 表现建筑与环境的关系

　　建筑的外立面直接暴露于人们的视野中，因而建筑与环境的互动也可以通过立面操作实现。例如建筑立面的形态可以与周围老旧建筑的形态发生关联，从而从形态层面实现文脉的延续。

8.2 原则

　　在快速设计中，立面操作首先要与建筑功能相匹配，例如展厅、报告厅、运动场的立面就不适合做得过于通透，而沿街商业空间由于展示的需要则宜将立面进行通透化处理，以达到吸引顾客的目的。其次，立面操作还要满足审美需求，虚实关系明确，形态比例恰当，同时可以加入一些趣味元素。最后，还需要考虑建筑与周边环境的关系，通过环境分析选择立面色彩、材质，让建筑更好地融于自然或城市环境中。

立面整体操作手法

　　立面的整体操作与建筑形体操作有着密不可分的联系，二者相辅相成，造就了多姿多彩的建筑外观。在快速设计中，建筑立面的设计步骤是由整体到局部，即先明确大的构成逻辑，再进行细部的设计。大的构成逻辑可以体现虚实关系与节奏韵律，而细部则赋予方案更多有趣的细节。一般来说，建筑立面的整体操作手法有纵向划分，横向划分，均质处理与消除均质四种。

9.1 纵向划分

　　纵向划分能够在横向上凸显建筑的体量组合关系。竖向的切割可以凸显体量的独立性，是多形体建筑常用的立面处理方式。纵向划分对于建筑立面可以形成虚实对比，可以获得立面节奏，还能够实现不同体量间的过渡。

9.1.1 虚实对比

1. 材质区分

　　竖向划分后的立面首先可通过材质的区分来产生虚实对比。一般会用玻璃体来表现"虚"，而用实墙部分来表现"实"。这种立面处理方式常见于多形体相对脱开的建筑立面，所脱开的部分即为以玻璃围合的虚体。旧建筑横向加建后所形成的建筑立面也会存在这样的虚实对比（图 9-1）。

2. 界面凹凸

　　还可以通过界面的凹凸变化来产生虚实对比。凹陷的部分会形成较深的阴影，在建筑中表现为墙体的内退，半开放庭院或者灰空间（图 9-2）。

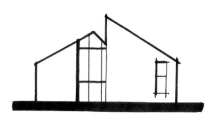

（a）玻璃与实墙区分

（b）玻璃、木材与实墙区分

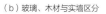

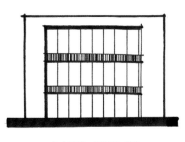

（c）玻璃、木饰面与实墙

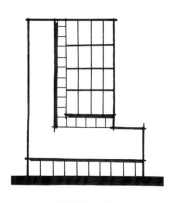

（d）不同质感的玻璃与实墙

图 9-1　材质区分

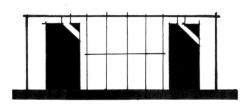

（a）立面深槽

（b）灰空间

图 9-2　界面凹凸

9.1.2 节奏引入

1. 节奏重复

将建筑立面均匀划分就可以在立面上形成重复元素，经过材质穿插于界面的处理，就形成了重复单元。重复单元可以使建筑立面呈现出规律的节奏感（图9-3）。

2. 节奏突变与渐变

将建筑立面进行不均匀的划分就可以形成突变或者渐变的效果。各单元之间的不均等性打破了建筑的稳定性，增添了趣味感。这种处理手法可以用来强调某单元，从而营造具有视觉焦点的建筑立面（图9-4）。

9.1.3 体量过渡

当两个或若干个尺度差异较大的体量粘在一起时，可能会因为比例不协调而过渡生硬，此时就可以利用纵向划分，使实体间出现虚体，来进行体量间的和谐过渡（图9-5）。

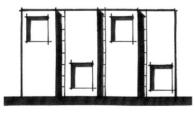

（a）整体节奏重复

（b）局部节奏重复

图9-3 节奏重复

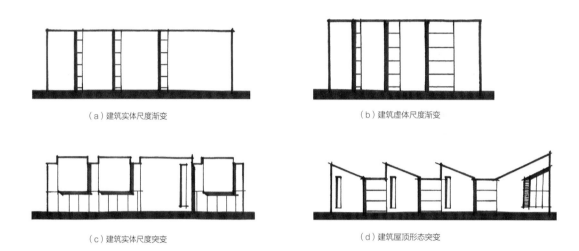

（a）建筑实体尺度渐变

（b）建筑虚体尺度渐变

（c）建筑实体尺度突变

（d）建筑屋顶形态突变

图9-4 节奏突变与渐变

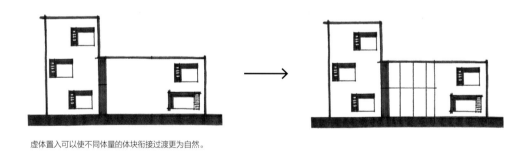

虚体置入可以使不同体量的体块衔接过渡更为自然。

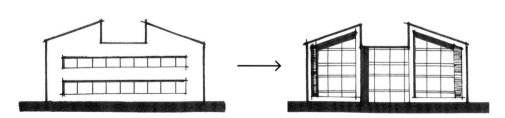

虚体还可以起到划分体块的作用。

图9-5 建筑体量过渡

9.2 横向划分

横向划分也是立面处理中最常见的手法。横向划分可以利用虚实对比、材质区分等多种手法凸显建筑的横向分层逻辑，适用于任何类型的建筑立面设计。

9.2.1 虚实对比

1. 材质区分

通过区别建筑材质，就可以实现立面的虚实对比，进而体现建筑的分层逻辑。玻璃体与实体的穿插是最为常见的处理方式，不同色泽的材质交替也可以出现虚实感（图9-6）。

2. 界面凹凸

在对立面进行横向划分后，对立面进行凹凸处理也可以实现虚实穿插的效果。凹入的部分一般表现为底层架空与中间层架空，对于大体量的建筑，用这种方法处理横向逻辑可以削减建筑的体量感，并且营造更多有趣的半室外空间（图9-7）。

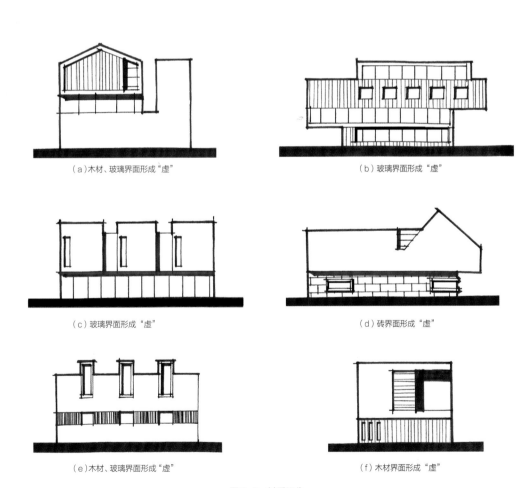

（a）木材、玻璃界面形成"虚"   （b）玻璃界面形成"虚"

（c）玻璃界面形成"虚"   （d）砖界面形成"虚"

（e）木材、玻璃界面形成"虚"   （f）木材界面形成"虚"

图9-6　材质区分

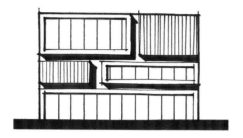

（a）利用突出体块形成凹凸

（b）利用中间层架空形成凹凸

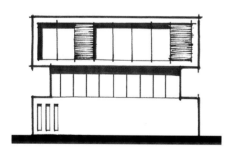

（c）利用悬挑形成凹凸

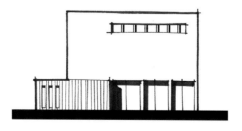

（d）利用体块咬合形成凹凸

图 9-7　界面凹凸

9.2.2　线性划分

引入横向线性元素在建筑楼板处对立面进行横向划分可以清晰体现建筑的分层，在快速设计中常用的线性元素为板元素。利用线性板元素还可以营造丰富的灰空间，使建筑立面具有整体划分逻辑的同时又有细部的变化。

1. 横板

横板在立面上首先可以划分楼层，利用悬挑的板在形态上能够提升建筑的轻盈感，还可以在立面上形成具有韵律感的阴影（图 9-8）。

2. 折板

板元素可以弯折而形成折板形态，在快速设计中常用于将建筑实体串联整合，使整个建筑立面呈现流畅连续感（图 9-9）。

3. 筒板

板还能够围合形成"筒"，"筒"可以用来强调建筑局部的独立性，并且常常用于朝向景观面的建筑立面设计（图 9-10）。

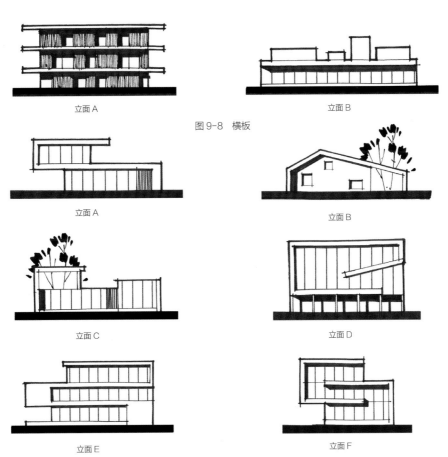

立面 A　　　　　　　　　　　　立面 B

图 9-8　横板

立面 A　　　　　　　　　　　　立面 B

立面 C　　　　　　　　　　　　立面 D

立面 E　　　　　　　　　　　　立面 F

图 9-9　折板

9.2.3 视觉错位

将建筑立面的每一层用相同元素处理，然后相邻层进行轻微的位移，就形成了错位。利用视觉上的错位也可以凸显建筑的分层，并且创造出活泼富有变化的肌理（图 9-11）。

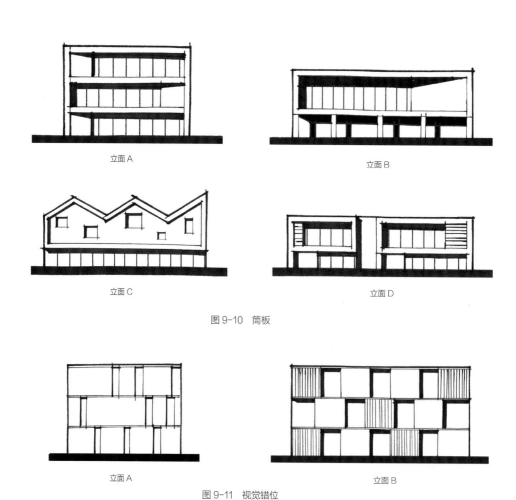

立面A

立面B

立面C

立面D

图 9-10　筒板

立面A

立面B

图 9-11　视觉错位

9.3 均质处理

除了将立面进行划分这种化大为小的立面操作手段，还可以对立面进行整体化的均质处理。在快速设计中通常会用有规律的立面凹凸与网格赋予立面肌理，这种方法可以仍然维持建筑的实体感。

9.3.1 凹凸法

当建筑立面仅有一种材质时，就无法通过开窗来营造立面的变化，此时就可以在平面上制造凹凸变化来提升立面的生动感。这种处理手法常用于以实体为主立面无需开窗的建筑类型如博物馆，以及以玻璃幕墙为主要界面的建筑。凹凸变化赋予了立面光影效果，也铺设了均质的肌理（图9-12）。

9.3.2 网格法

将立面进行网格划分是一种易于控制的肌理营造手段。网格赋予了立面整齐划一的肌理，也可以营造多变的光影效果，例如将网格围合的界面后退或者进行斜面处理，就可以在立面上形成富有节奏感的阴影（图9-13）。

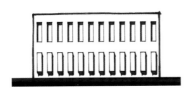
立面 A

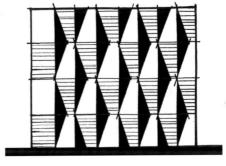
立面 B

凹凸法可以使单一材质的建筑界面产生丰富的光影效果。

图 9-12 凹凸法

立面 A

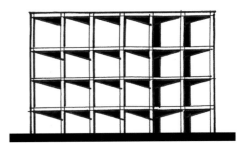
立面 B

网格作为框架，所限定出的单元格内的建筑界面可以做出丰富的变化。

图 9-13 网格法

9.4 消除均质

在均质中加入突变元素能够打破沉闷，形成视觉焦点。在立面操作中，首先可以将材质肌理作为突变元素，打破建筑现存的匀质肌理；还可以通过界面的突变，用突出的体量或者凹陷的洞口来打破界面的平整性。

9.4.1 肌理突变

1. 材质变化

在实墙面中开设一面窗，就有了材质的突变。利用材质视觉感受的冲突，以一种材质"撕裂"另一种材质的连贯性，就能够形成肌理的突变，营造具有视觉张力的立面形态（图 9-14）。

2. 节奏打破

当建筑立面上的开窗洞口具有统一节奏时，就会呈现出肌理化的特征。此时对某些窗洞口的尺度进行调整就可以打破原有立面节奏而加入活跃元素（图 9-15）。

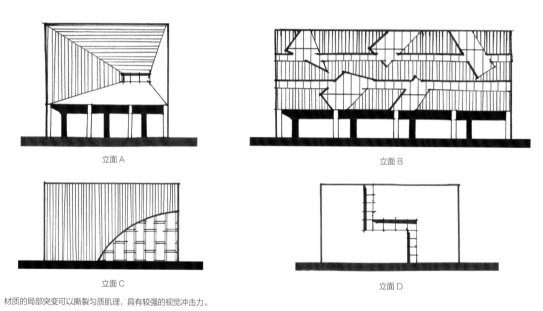

立面 A   立面 B

立面 C   立面 D

材质的局部突变可以撕裂匀质肌理，具有较强的视觉冲击力。

图 9-14 材质变化

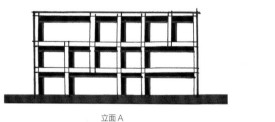
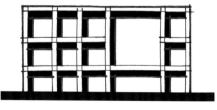

立面 A   立面 B

利用网格法处理立面时，可利用合并网格的方式打破网格的匀质节奏。

图 9-15 节奏打破

9.4.2　形体突变

1. 凸起

将平整的立面局部外扩，就可以形成凸起。凸起的部分往往会进行异质化处理，让其在材质或者形态上都与界面主体产生强烈的对比（图 9-16）。

2. 凹陷

将界面局部内退，就可以形成立面凹陷。凹陷也可以打破平面，并且通过形态调整能够形成强烈的"吸入"感，同时也为立面增添了光影效果的突变（图 9-17）。

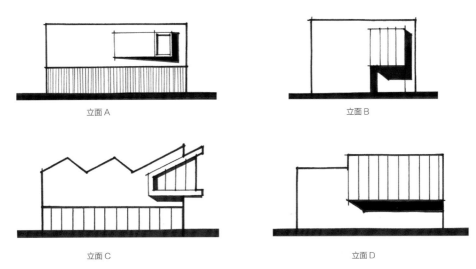

立面 A　　　　　　　　　　　　　　立面 B

立面 C　　　　　　　　　　　　　　立面 D

凸起可以在立面上形成视觉焦点与阴影。

图 9-16　凸起

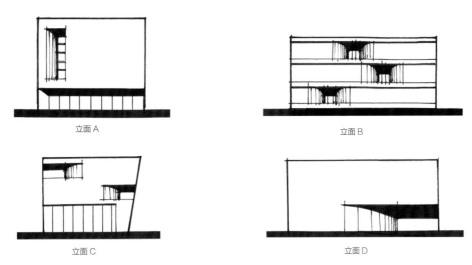

立面 A　　　　　　　　　　　　　　立面 B

立面 C　　　　　　　　　　　　　　立面 D

凹陷可以保持建筑外轮廓的完整性并富有光影效果。

图 9-17　凹陷

10 立面细节设计手法

10.1 立面开窗

建筑空间需要采光，而采光最直接的方式就是破除封闭的墙体进行窗洞口的营造。不同形式的窗洞形式可以创造出截然不同的立面虚实关系，因而对于快速设计，需要在日常进行立面开窗语汇的积累，为立面操作提供素材。

一般来讲，立面开窗的处理主要从窗洞形态、窗洞深度、构件添加和彼此间的组合模式几个方面考虑。

10.1.1 单元式开窗

单元式开窗是指自身形态具有独立性且尺度相对于建筑立面整体较小的窗洞形式。单元式开窗可以自由组合形成有趣的建筑立面，可以在立面上成组出现修饰建筑实体，还可以进行复制，在立面上形成肌理。

1. 随机单元

当单元式开窗在立面上随机出现时，就可以形成富有变化的趣味立面。一般随机单元会用来修饰建筑实体，并且控制进光量。单元窗的形式较为自由，几何形态也较为多变，但按照其与立面的关系，常见的种类有外凸式和内凹式（图 10-1）。当采用随机单元进行立面设计时，需要根据建筑空间的功能选择开窗大小营造适宜的光环境，从美学角度出发，随机单元开窗尽量在纯净的立面范围内进行，避免让其出现在杂乱的立面基底上。

2. 组合单元

将单元组合起来也可以起到修饰实体和控制进光量的作用，并且相对于随机单元，组合单元所形成的立面效果更为稳重严谨。组合单元在立面上一般以小组团和大组团的形式出现（图 10-2）。

3. 阵列单元

当单元窗在立面上进行阵列排布时，就可以形成肌理效果。均质的开窗也可以维持建筑的实体感，也可以为室内空间提供均匀的光照环境（图 10-3）。

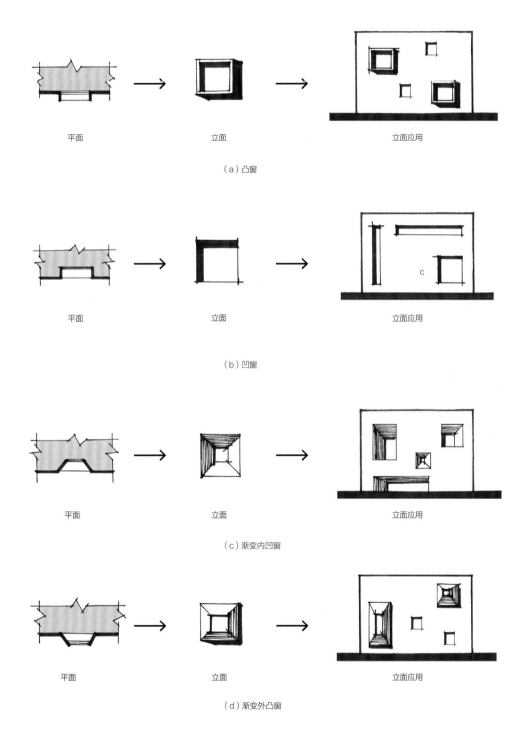

（a）凸窗

平面　　　　　立面　　　　　立面应用

（b）凹窗

平面　　　　　立面　　　　　立面应用

（c）渐变内凹窗

平面　　　　　立面　　　　　立面应用

（d）渐变外凸窗

平面　　　　　立面　　　　　立面应用

图 10-1　随机单元

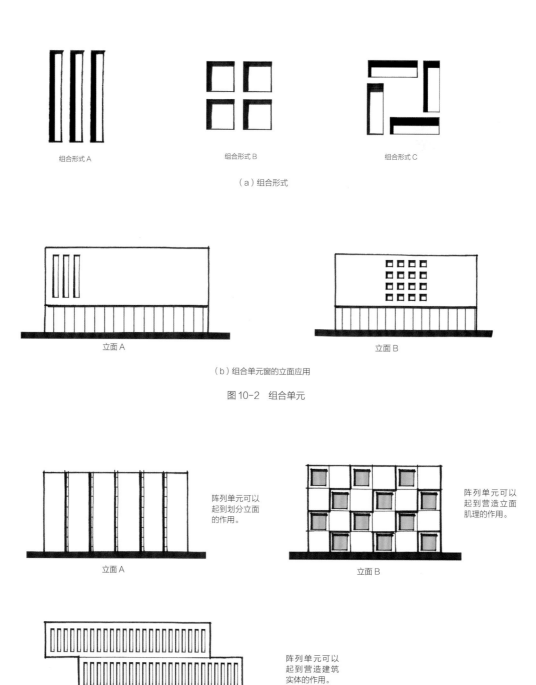

组合形式 A

组合形式 B

组合形式 C

（a）组合形式

立面 A

立面 B

（b）组合单元窗的立面应用

图 10-2　组合单元

立面 A

阵列单元可以起到划分立面的作用。

立面 B

阵列单元可以起到营造立面肌理的作用。

阵列单元可以起到营造建筑实体的作用。

立面 C

图 10-3　阵列单元

10.1.2 长窗

1. 横向长窗

横向长窗是快速设计中最常用的开窗手法。横向长窗形态简约舒展，能够帮助强调建筑形体的横向设计逻辑。并且相对于单元式开窗，横向长窗适用于更多的需要自然采光的建筑类型。横向长窗还可以进行细节上的处理，来增加层次的丰富度与立面的阴影效果。首先可以整体内退，形成凹窗；其次就是在凹窗上做变化，加入挡板与格栅元素（图10-4）。

2. 纵向长窗

纵向长窗可以从建筑整体体量的虚实方面进行营造。一般竖向长窗适合于结合建筑中的竖向疏散空间设置，在层次优化上可以采取内凹并加入其他材质的做法（图10-5）。

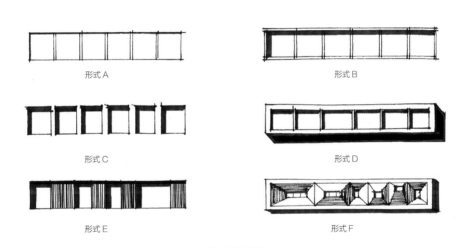

形式A 形式B

形式C 形式D

形式E 形式F

（a）横向长窗的各种形式

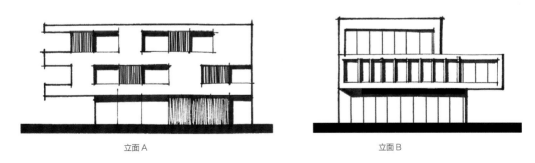

立面A 立面B

（b）横向长窗的立面应用

图10-4　横向长窗

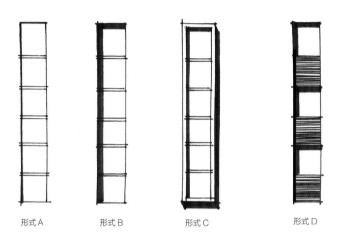

形式 A　　　　形式 B　　　　形式 C　　　　形式 D

（a）竖向长窗的各种形式

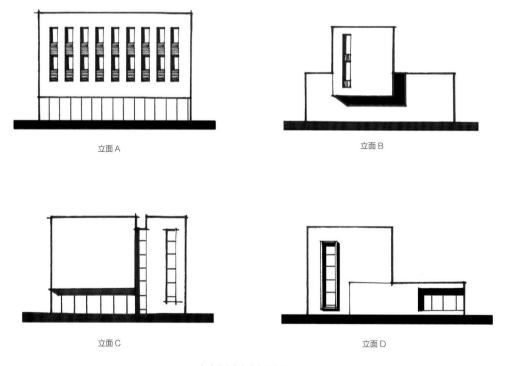

立面 A　　　　　　　　　　　　　　立面 B

立面 C　　　　　　　　　　　　　　立面 D

（b）竖向长窗的立面应用

图 10-5　纵向长窗

10.1.3 玻璃幕墙

玻璃幕墙相当于没有窗台的横向长窗，常常被运用于虚体的表现。在快速设计的立面绘制中，玻璃幕墙需要强调其种类、界面的分割类型以及界面的凹凸关系。

1. 平整

平整的玻璃幕墙可以营造轻盈而通透的立面效果。一般在快速设计中表现其分割方式即可，一般玻璃幕墙的分割形式可以分为网格式与错位式。另外对于平整的玻璃幕墙，可利用玻璃肋来增加光影效果（图10-6）。

2. 凹凸

玻璃幕墙是一种围护结构，因而也可通过界面的凹凸限定出不同形态的室内空间，产生不同的立面效果（图10-7）。

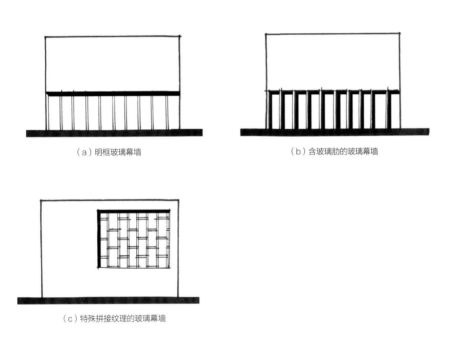

（a）明框玻璃幕墙   （b）含玻璃肋的玻璃幕墙

（c）特殊拼接纹理的玻璃幕墙

图10-6　平整的玻璃幕墙

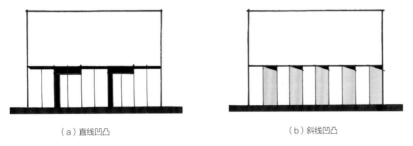

（a）直线凹凸   （b）斜线凹凸

图10-7　凹凸玻璃幕墙

10.2 灰空间处理

灰空间是建筑进行形体操作时最常见的空间类型，一般会在立面上形成较深的凹陷，从而形成较为强烈的光影效果。灰空间的细节也可以通过营造多层次的空间来处理。

10.2.1 柱廊

柱廊可以在立面上形成韵律，还能够形成更多的光影细节。通常，将建筑结构（柱与隔墙）暴露即可形成柱廊空间（图10-8）。

10.2.2 挡板与格栅

在灰空间外界面加入维护结构也可以增加层次感。维护结构可以是护栏，还可以是用于竖向遮阳的挡板与格栅（图10-9）。

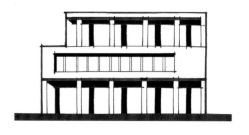 

（a）柱廊位于底层与顶层　　　　　　　　　　　　（b）柱廊位于底层

图10-8　柱廊

 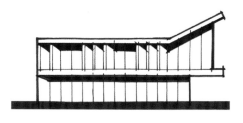

（a）具有材质变化的挡板　　　　　　　　　　　　（b）扭转的格栅

图10-9　挡板与格栅

10.3　屋顶围合

屋顶的维护形式除了女儿墙与扶手，还可以利用片墙和虚构架营造更有趣味和视觉效果的立面形式。

10.3.1　片墙

片墙对于屋面，可以起到更为封闭的限定作用，同时在立面上也可以发挥"补形"的作用，对体块间的差异进行过渡。片墙仍可以做开洞处理，可以延续建筑主体的开窗形式，保持立面关系的统一（图 10-10）。

10.3.2　虚构架

虚构架也可以实现实体的过渡并发挥"补形"的作用，同时还能利用虚构架来重新勾勒建筑形体的外轮廓而不影响室内空间的平整性。虚构架还能在立面上形成丰富的光影，增强立面的层次感（图 10-11）。

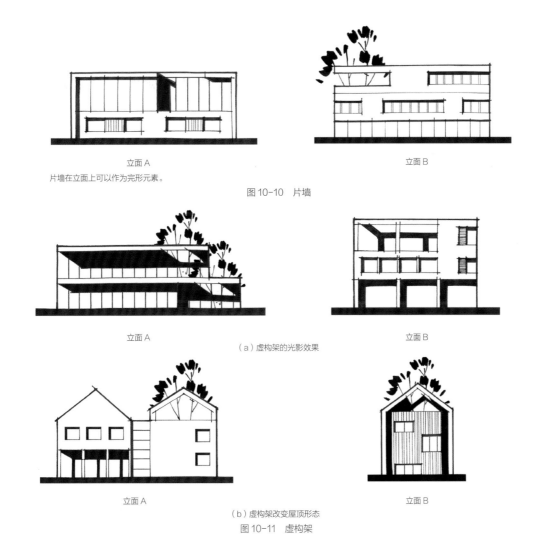

立面 A

片墙在立面上可以作为完形元素。

立面 B

图 10-10　片墙

立面 A

（a）虚构架的光影效果

立面 B

立面 A

（b）虚构架改变屋顶形态

图 10-11　虚构架

11 立面绘制与表现

11.1 绘制流程

立面的绘制主要为了清晰准确地体现建筑外观以及比例尺度，包括界面材质与凹凸。在快速设计中，立面的绘制可参考以下步骤（图 11-1）。

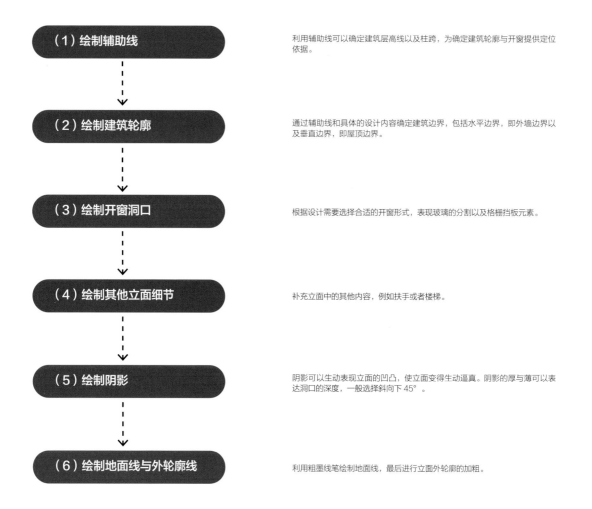

（1）绘制辅助线　　利用辅助线可以确定建筑层高线以及柱跨，为确定建筑轮廓与开窗提供定位依据。

（2）绘制建筑轮廓　　通过辅助线和具体的设计内容确定建筑边界，包括水平边界，即外墙边界以及垂直边界，即屋顶边界。

（3）绘制开窗洞口　　根据设计需要选择合适的开窗形式，表现玻璃的分割以及格栅挡板元素。

（4）绘制其他立面细节　　补充立面中的其他内容，例如扶手或者楼梯。

（5）绘制阴影　　阴影可以生动表现立面的凹凸，使立面变得生动逼真。阴影的厚与薄可以表达洞口的深度，一般选择斜向下 45°。

（6）绘制地面线与外轮廓线　　利用粗墨线笔绘制地面线，最后进行立面外轮廓的加粗。

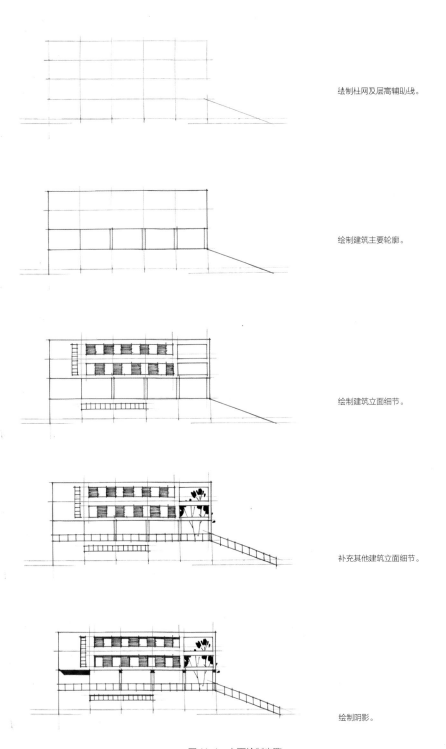

绘制柱网及层高辅助线。

绘制建筑主要轮廓。

绘制建筑立面细节。

补充其他建筑立面细节。

绘制阴影。

图 11-1 立面绘制步骤

11.2 表现技法

11.2.1 材质表现

立面材质一般通过色彩或者灰度来表现。对于彩色表现，根据材质的特性选择相匹配的色彩进行填涂渲染即可，常见的材质一般包括木材、混凝土、石材（图 11-2）。而采用黑白表现时，则对材质表达要求较少，通常会通过对肌理进行描绘或者直接排线的形式对材质进行表达。

11.2.2 环境表现

立面中的环境表现主要是指配景树的绘制。配景树的表达形式多样，可以起到增添场景感与烘托建筑实体的作用，此外还可以表现建筑中的洞口元素，呈现出人能透过建筑洞口看到掩映于建筑之后的树的效果（图 11-3）。

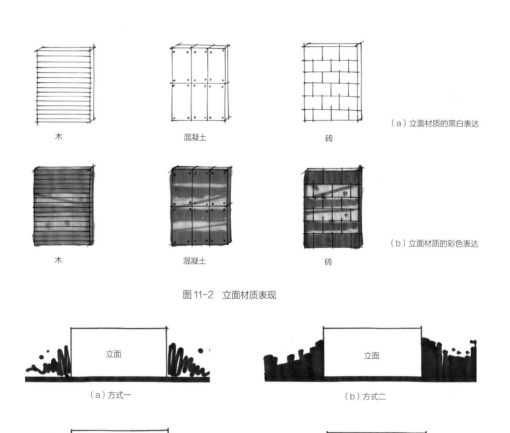

木　　　　　　　混凝土　　　　　　　砖　　　　　　（a）立面材质的黑白表达

木　　　　　　　混凝土　　　　　　　砖　　　　　　（b）立面材质的彩色表达

图 11-2　立面材质表现

（a）方式一　　　　　　　　　　　　　（b）方式二

（c）方式三　　　　　　　　　　　　　（d）方式四

图 11-3　配景表现

12 经典案例分析

12.1 Beaufort 海事研究大楼 /McCullough Mulvin Archi

该项目是位于爱尔兰科克下海港旁的海事研究设施，建筑面积 5450m²。建筑包括一个体量较高的研究空间和一个体量低矮的包含实验测试设备的大厅。从建筑立面设计和形体设计角度看，可以总结归纳出以下两点。

1. 重复与突变

建筑由北向南呈锯齿状横向划分，根据功能的需求进行体量有节奏的重复排列和高度的突然变化。基地南侧布置容纳实验测试设备的大厅，建筑体量低矮，东面被划分为有韵律的锯齿状小空间；北侧布置研究空间，其平面的横向划分、纵向进深均延续了南侧大厅的节奏，但竖向体量相对高耸，打破了体块变化的单调性，丰富了建筑的形态与东立面，建筑以节奏紧凑的横向划分和竖向的体量突变展现了统一性与多样性。

2. 横向切割

大厅的体量进行横向不平行的划分和切割，屋顶被分解为一系列数学生成的平面，经三角化形成不同的斜率，形成折板状的动态折叠感。屋顶的横向切割和折叠形式，传递出一种水平方向起伏的力度，与建筑平面锯齿状边缘的设计交相辉映；同时，通过这种结构形式，建筑师以设计回应了场地环境和建筑功能。

建筑外观

建筑屋顶

图片来源: https://www.archdaily.cn

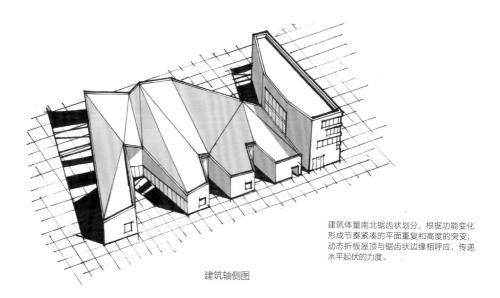

建筑体量南北锯齿状划分，根据功能变化
形成节奏紧凑的平面重复和高度的突变；
动态折板屋顶与锯齿状边缘相呼应，传递
水平起伏的力度。

建筑轴侧图

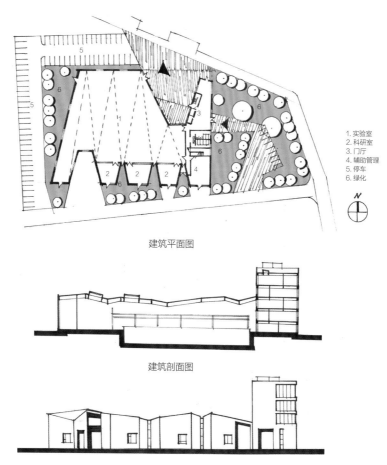

1. 实验室
2. 科研室
3. 门厅
4. 辅助管理
5. 停车
6. 绿化

N

建筑平面图

建筑剖面图

建筑立面图

12.2　PlaUrgell 档案馆 /Valor – Llimos 建筑事务所

　　PlaUrgell 档案馆位于西班牙的莱里达，建筑面积 1200m²，是一个地方公共档案馆，位于一个低密度住宅区和一个工业区之间，它旨在成为当地社会文化的源头。建筑师设计的这栋档案馆，外形为一个建造在透明的、有渗透性的土体之上的不透明可塑体块。从建筑立面设计和形体设计角度看，可以总结归纳出以下三点。

1. 虚实对比

　　建筑材质上，下部采用玻璃和钢材，上部采用石材，上下形成了鲜明的虚实对比。在建筑西侧后院为保护办公部分免受阳光直射而衍生出一个门廊；建筑东侧首层比街道标高低 1m，建筑师设计了一个下沉坡道直达入口。这些设计手法，更加强调出二层实体体块的厚重感，增强了建筑上下部分体量的虚实对比。

2. 空间节奏

　　建筑师在建筑内部插入了两个庭院，将建筑分为三个部分，为建筑提供充足的自然光线和良好的自然通风。并且，随着庭院的置入，丰富了建筑空间的层次，打破了立面连续呆板的面貌，柔化了建筑与环境的边界。

3. 功能分区

　　建筑师在该建筑中采用了上下划分的功能分区方式，将办公空间和公共空间放置在一层，以玻璃材质的立面设计满足空间的采光需求；同时将档案库房设置在二层，二层几乎不开窗的外墙阻断了紫外线对档案文件的直接照射，利于文件的保存管理。整体功能布局逻辑清晰，节奏紧凑。

建筑外观

建筑柱廊

图片来源：https://www.archdaily.cn

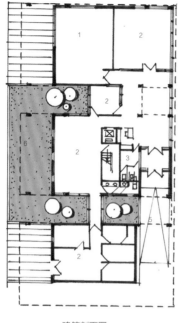

建筑采用上下功能分区，根据采光需求划分公共区域和档案库房区。空间上，在建筑内部插入两个庭院，在提供充足自然采光和通风的同时，打破了立面连续呆板的原貌。

1. 报告厅
2. 办公区
3. 辅助用房
4. 档案库房
5. 下沉坡道
6. 下沉庭院

建筑剖面图一

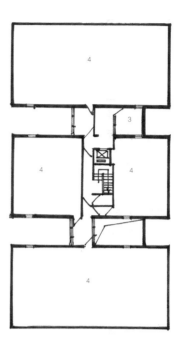

建筑剖面图二

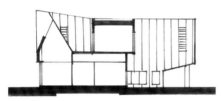

建筑剖面图三

建筑立面图一

建筑通过材质的变化，在外部形体上形成了鲜明的上实下虚的对比。

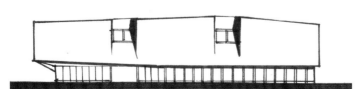

建筑立面图二

12.3 Vivienda Portales 集合住宅 /Fernada Canales

建筑师通过一个共享同一场所但拥有不同设施的集合住宅设计，为十二个家庭创建一个舒适的新住宅建筑。建筑旨在打破传统集合住宅仅仅强调私密性的模式，重新定义了在一个集体结构内设置私人独特空间的概念。建筑位于墨西哥城南部的一个中心区，地上部分 3 层，地下 1 层，建筑面积 1200m²。从建筑立面设计和平面设计的角度看，可以总结归纳出以下四点。

1. 立面重复元素

建筑师利用公寓南北向的阳台空间，以凝固的墙体演绎了流动的空间。立面上进行折线处理，划分为重复的单元，但上下层之间对应的单元形成错动，产生空间和视觉振幅，打破了传统集合住宅立面的单调性；也在集体结构内保证了私人空间的独特性。

2. 色彩与材质

建筑所有南北向墙面采用素混凝土，东西立面采用灰砖、玻璃和素混凝土，色彩素雅简朴，材质虚实对比强烈。结合南北立面每层不同的折线处理，建筑立面呈现出丰富的材质变化、鲜明的虚实对比和细腻的光影变化。

3. 集约的建筑布局

大楼地下一层设置地下停车场和储藏室，地上 3 层均为公寓，每层有 4 个公寓，每个公寓都不相同，这取决于不同的室内高度和每个房间阳台的视野；屋顶设有 4 个露台，分别属于最后一层的 4 个复式公寓。大楼平面中心是楼梯和南北两个庭院，4 个公寓两两分布在楼梯和庭院东西两侧，均直接与楼梯和庭院相连接，满足便捷直达需求的同时获得充足的交叉通风和自然采光。

4. 屋顶平台

充分利用屋顶空间，设置供人活动的屋顶花园平台，满足人们休闲交流功能的同时，提升建筑的整体空间品质，柔化建筑外边界，引入生态环境。

图片来源: https://www.archdaily.cn

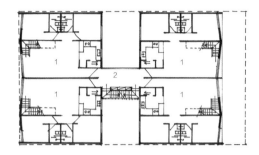

建筑一层平面图

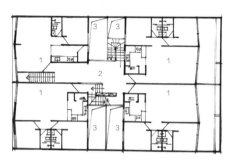

建筑二层平面图

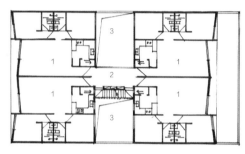

建筑三层平面图

建筑以交通空间为中心组织平面，通过南北对称的两个庭院将公寓两两分置于东西两侧，形成集约式布局，同时庭院提供充足的自然采光和通风。

1. 居住单元
2. 交通空间
3. 上空

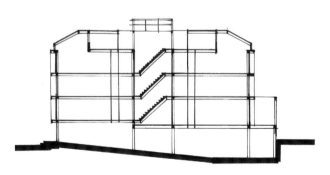

建筑立面图

立面以折线划分为上下层错位的重复单元，同时结合材质的使用，在立面上形成了鲜明的虚实对比和细腻的光影变化。

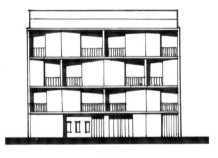

建筑剖面图

12.4　丹麦海宁职业学校 /C. F. Moller

　　建筑师通过多角的平面布局将三栋楼统一在一个坡屋顶之下，从南端的三层楼降至北端的两层，建筑面积 4700m²。角状的建筑创造了三个与周边建筑联系的新城市教学空间：广场、学习花园和一个前花园。从建筑立面设计角度看，可以总结归纳出以下三点。

1. 网格切割

　　在建造、可持续性和安装便捷的原则下，建筑立面表皮的设计基于统一网格的划分，采用后退的玻璃幕墙与遮阳板相结合，创建了节奏韵律紧凑、光影层级丰富、简洁且有力度的建筑立面形象。

2. 肌理调整

　　建筑表皮在朝向上有所区别，在统一网格划分的基础上进行局部材质和处理手法的调整：局部采用透明玻璃幕墙置换为预制纤维水泥板和镀铜穿孔铝百叶。肌理的调整，活化了建筑立面的虚实对比，更加丰富的材质语言也为表皮带来温暖和变化。

3. 横板元素

　　建筑师采用一个坡屋顶将不同高度的三栋建筑进行统一，在保证建筑内部空间和功能多样性的同时，实现了建筑形式上的统一。同时，完整的坡屋顶在建筑立面上投下了深浅不同的阴影，衍生出层级丰富的建筑外部趣味空间。

建筑外观

建筑立面

建筑外观

建筑总平面

图片来源：https://www.archdaily.cn

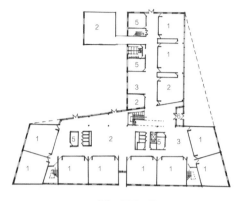

建筑一层平面图

建筑二层平面图

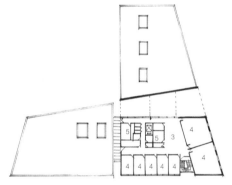

建筑三层平面图

1. 教室
2. 展览室
3. 公共交流区
4. 办公会议
5. 辅助用房
6. 门斗

建筑立面图一

建筑立面图二

立面划分统一于统一的网格尺寸之下，后退的玻璃幕墙与遮阳板结合，创建了韵律强烈、光影丰富、对比鲜明、简洁有力的外部造型；同时，局部材质肌理的变化，打破节奏重复的呆板，带来表皮的温度和变化。

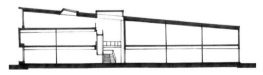

建筑剖面图一

12.5 清华大学海洋中心 /OPEN Architecture

海洋中心是为清华大学新成立的深海研究创新基地而设计的一栋实验及办公楼，坐落于深圳西丽大学城清华研究生院的东端。建筑由 OPEN 建筑事务所设计，建筑面积 15884m²，地上 14 层，地下 2 层。建筑师希望这栋建筑以一种新的姿态介入校园生活，呈现出一种人性化的、愉悦的、以交流为中心的设计理念。从建筑立面设计角度看，可以总结归纳出以下三点。

1. 化整为零

建筑师创造性地采用垂直的方式演绎传统的"院落式空间"，90°的翻折形成一个垂直的院落体系，将海洋中心多个研究中心有机地统一于同一空间之内。每个院落体系均是海洋中心内相对独立又互为依存的研究中心，这种关系转译到垂直院落的虚实关系中，即在每两个研究中心之间插入一个水平的园林式共享空间，这包括岛屿状的会议室、展示空间、头脑风暴厅、科普中心及咖啡厅等；此外，每个研究中心里的实验区和办公服务区又被水平的分离开来，在竖直方向形成垂直贯通的缝隙。室外楼梯穿梭其间，将这些水平及垂直的共享空间联系起来。

2. 横向处理

海洋中心的立面划分也统一于化整为零这一逻辑之下，每个研究中心自觉形成一个凸出的体量，包含 2 层到 3 层的空间；立面上凹进的空间即为水平或垂直的共享空间。这种立面的横向处理手法，在保证建筑逻辑统一性的同时，也体现了功能和空间的多样性。

3. 丰富的室外活动空间

建筑师营造了多种庭院形式，如研究中心之间的水平园林式共享空间、试验区和办公服务区之间的垂直共享空间，以及拥有一个小露天剧场的屋顶 360°观景平台等一系列提供共享空间的丰富室外活动空间。水平和垂直共享空间结合室外楼梯设计，庭院既丰富了建筑的空间层级，又肩负了交通功能。

图片来源: https://www.archdaily.cn

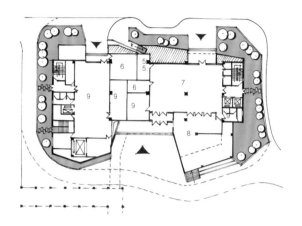

建筑一层平面图

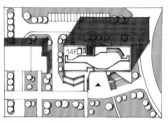

1. 实验室　　8. 展厅
2. 会议室　　9. 后勤辅助
3. 教室　　　10. 商店
4. 会议室　　11. 开放交流区
5. 办公室　　12. 咖啡厅
6. 设备用房
7. 门厅

建筑总平面图

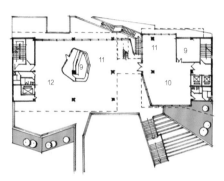

建筑二层平面图

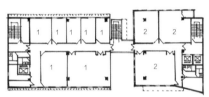

建筑三层平面图

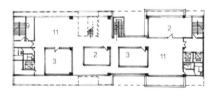

建筑五层平面图

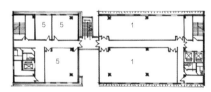

建筑十四层平面图

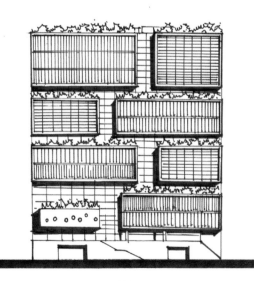

建筑立面图

功能集合单元的竖向和横向的错位叠加，形成水平和垂直的共享空间；这一"化整为零"的逻辑从空间的组织延续至外立面的处理，每个功能集合单元在立面上形成凸出体量，衍生出丰富的空间层次，同时体现出空间的统一性和多样性。

12.6 复旦大学艺术教育馆改造 / 水石设计

项目位于复旦大学邯郸校区东区生活区内，西面正对园区主入口，北侧围墙外临近政通路，南侧为学生公寓。设计师于 2008 年将原来的东区食堂改造为现状两层的艺术教育馆，建筑面积 1900m²，功能包括两大部分，包括主楼的观演与排练，以及副楼的琴房与办公。从建筑立面设计角度看，可以归纳出以下三点。

1. 虚实对比

改建后的建筑外立面打破了原有建筑的竖向韵律形式，采用体块咬合的处理方式。一层立面以大面积的玻璃为主，二层以黑白色压型穿孔铝板为主，结合红色耐候钢板及深灰铝板雨棚。整个建筑褪去原有的厚重"外衣"之后，变得通透轻盈，虚实对比鲜明，更具艺术气质。

2. 立面开窗形式

建筑师以生动的手法，在二层的压型穿孔铝板上开了高低错落、大小不等的窗洞，在半透明穿孔表皮的映衬下，衍生出室内多变细腻的光影效果。

3. 入口空间处理

建筑师在入口位置材料及造型的表达上，运用红色耐候钢板和深灰铝板设计了折板元素，进行了清晰地空间界定。在丰富建筑立面造型和空间层级的同时增强了入口的引导性。

建筑外观

建筑立面

图片来源：https://www.archdaily.cn

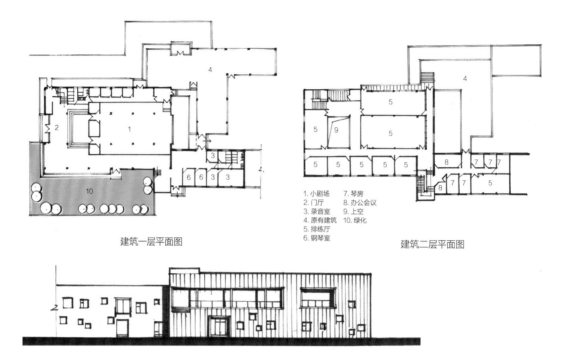

建筑一层平面图　　　　　　　　　　　　　建筑二层平面图

1. 小剧场　　7. 琴房
2. 门厅　　　8. 办公会议
3. 录音室　　9. 上空
4. 原有建筑　10. 绿化
5. 排练厅
6. 钢琴室

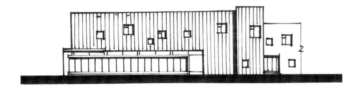

建筑立面图一

建筑立面图二

改建后立面一层以大玻璃为主，二层采用压型穿孔铝板，通过材质和肌理的改变，形成上实下虚的对比。

建筑立面图三

入口空间运用两层的折板元素进行清晰有力的空间界定，材质的对比强调了空间的划分，增强了入口的引导性。同时折板元素丰富了建筑立面造型和空间层级。

建筑剖面图

13 快速设计作品评析

13.1 大沽路市场设计

该题目基地为长条形基地，同时题目要求建筑提供友好的公共活动空间，主要功能单元其空间应最小化与均质化，同时应体现出建筑在城市中的文脉以及形态上与周边建筑的"差异性"。因此，在进行立面设计时，基于均质化空间适宜加强其韵律与节奏，在造型、材质等选择上，应考虑与周边环境的延续与对比。该方案虚实对比强烈，材质选择得当，且具有节奏感与韵律感。主要从以下三个方面对方案进行评析：

1. 虚实对比

方案的立面设计整体采用虚实对比的手法，同时虚空间后退一定距离，与实空间产生一定的凹凸对比，共同形成一定的节奏与韵律感，使整个立面拥有一定的秩序又富有变化。

2. 材质对比

方案在立面的材质选择上，运用了一暖一冷对比的手法，墙面为较为温暖的木质材质，与冷色调的玻璃形成了对比，加深了方案整体的虚实感与秩序感。

3. 立面富于节奏

在立面设计上，该方案强调韵律节奏，首先是体块上的节奏，重复的凹凸对比带来一定的韵律感；其次，材料重复对比也同样产生韵律；同时，立面开窗也采用多个长条窗并列设置，产生出一定的韵律感与节奏感。

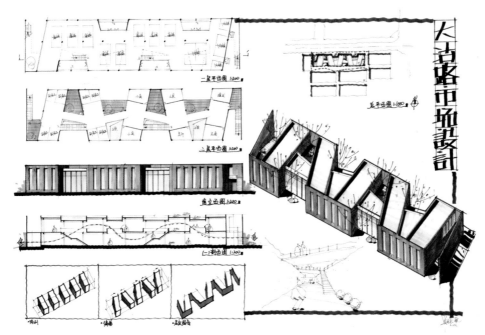

作品表现 / 设计者：吴晓航

轴测图

在折板所形成的凹槽中置入虚体，就形成了虚实水平交替且具有节奏感的立面。利用单元长窗的组合可以维持体块的实体感，同时提供良好的采光效果。

立面图

折板元素可以多角度折叠，对扭转或不规则放置的体块进行整合。

形体操作分析

13.2 科创中心设计

题目要求保留旧厂房，新旧之间、五层到一层之间如何交接过渡是重点考点，同时，应该考虑两股人流的组织和交流以及建筑与广场的联系。建筑体量较大，因而应充分考虑大体量的立面形式或大小体量结合的方式。该方案在建筑立面设计上具有一定的特点，同时，立面材质对比强烈。主要从以下三个方面对该方案进行解析。

1. 材质对比

该方案在立面材质选择上具有强烈的对比，顶部的红色桁架，内部的冷色玻璃以及室外平台的木质材料相结合，在视觉上具有一定的冲击力。

2. 结构外露

方案在立面形式上，选择将桁架骨架外露，该方式不仅在材质上有所对比，同时使建筑具有一定的工业化风格，桁架自然形成立面产生出明显的个人特征。

3. 建筑立面呼应使用功能

该方案建筑的立面形式与内部使用功能相呼应，底部虚空间主要为展厅及实验室部分，上部桁架空间为办公及研发中心，内部功能与外部立面形式相契合，协调统一。

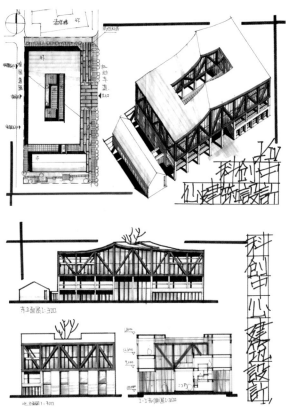

作品表现 / 设计者：米佳锐

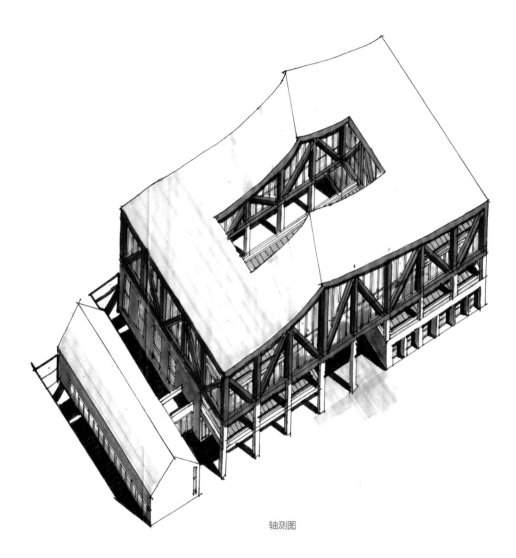

轴测图

立面图

红色的金属桁架与其他建筑材质形成了强烈的对比，营造了极具视觉冲击力的立面形象，同时桁架的坡屋顶形态也形成实体感。与下部的建筑体量形成了竖向叠加的关系。底层架空所形成的柱廊也在立面上形成了具有节奏感的阴影。

13.3 当代艺术馆设计

　　该题目立足"生态塑形"的设计概念，在方案设计中不仅应考虑与周边环境的关系，同时要注重节能等因素的引入。在建筑立面的处理手法上，应符合艺术馆的建筑气质，同时注重节能与生态要素的引入。该方案在立面处理上注重虚实对比，符合艺术馆的建筑性格与气质，同时引入了海风等要素。主要从以下三个方面对该方案进行解析。

1. 虚实对比

　　该方案在立面设计上具有强烈的虚实对比，方案底层部分及顶层部分均为实面，中间部分为虚空间，形成三段式的组合，给整个方案带来一定的秩序感。

2. 单元元素重复

　　方案中三个单元体量重复出现，使整个建筑产生一定的灵活性与节奏感。同时，三个单元元素在立面设计上同样讲求立面的虚实对比，实面空间运用虚体作为间隔，加强了整体建筑的虚实对比。

3. 立面

　　建筑整体无论在体量还是在立面上，都富于节奏感与韵律感；同时，三个单元体量对应建筑内部的展厅功能，对空间功能有明确呼应。

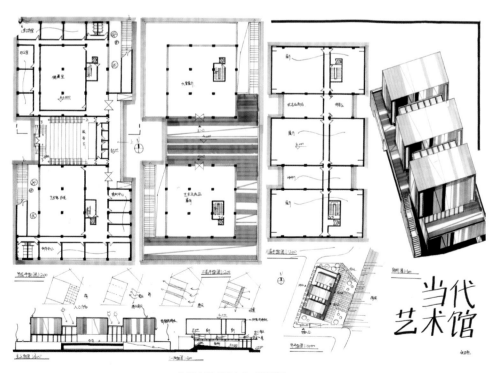

作品表现 / 设计者：张田钰

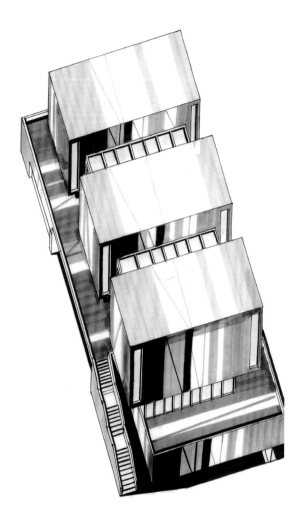

轴测图

通过在展厅所形成的实体之间插入具有公共性的空间来营造虚体，使建筑立面出现了横向虚实交替的效果。

底层空间外扩在二层形成了室外平台，于立面上也形成了形体叠加。

分析图

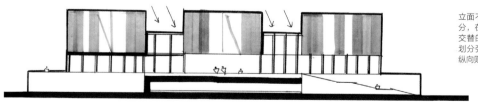

立面图

立面不仅有横向的虚实划分，在纵向上也具有虚实交替的逻辑。横向的虚实划分强调了实体的韵律，纵向则为了过渡实体。

13.4 艺术家工作室设计

题目中的艺术家工作室在进行设计时，应充分考虑建筑与地形、周边道路在形态和空间上的呼应，因此，在进行形体操作时，应注意建筑体量与周边环境的空间关系。该方案在立面形式上手法明确，运用单元元素的重复和进退等操作手法丰富整体空间。主要从以下三方面对该方案的形体操作进行详细解析。

1. 单元元素重复

该方案采用相同的坡屋顶元素进行重复，在立面上产生一定的律动。该单元元素采用整体包裹的形式，在山墙面大面积开窗，整体形成了一定的虚实对比。

2. 立面呼应形体

该方案在立面设计上呼应形体的间隔与错落，并在局部上进行单体量与 L 形的转折，同时富有高低错落的不同空间，丰富了立面的形式。

3. 形式自由符合气质

建筑在立面形式上较为自由，同时坡屋顶的形式带有一定的文艺气质，符合艺术家工作室的建筑特征。

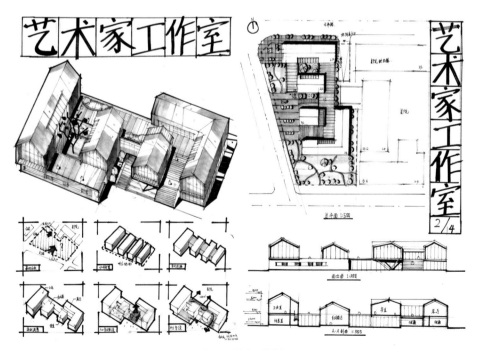

作品表现 / 设计者：徐文凯

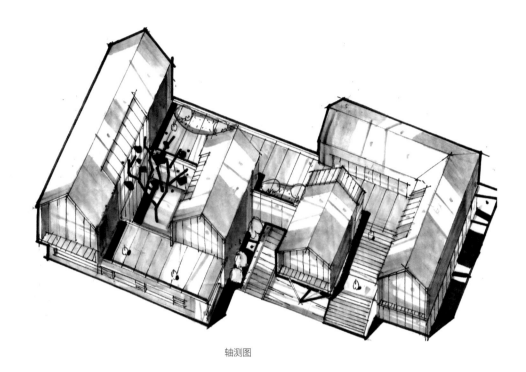

轴测图

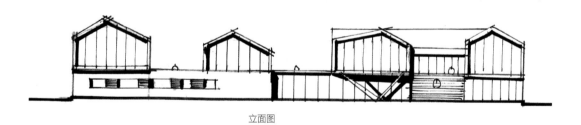

立面图

重复坡屋顶单元可以使建筑立面呈现出规律的节奏感。同时四个坡屋顶还存在形态的渐变，增添了立面的趣味性。

建筑实体采用横向长窗维持体量完整，长窗采用木质格栅丰富层次。

分析图

13.5 社区服务中心设计

该题目为新老加建题目，题目中要求必须充分利用更新的历史建筑，建成后的新建部分与其合二为一，因此在立面设计上，应充分考虑新老建筑之间的过渡与结合。该方案在立面上通过提取文脉元素，使新老建筑在立面上保持统一，同时通过元素的整合，使新建筑与老建筑较为和谐地共存。主要通过以下三个方面进行具体的解析。

1. 整合元素置入

该方案立面设计包括两个整合：立面的整合及体块的整合。立面采用统一形式，将新老建筑进行了统一；同时，新加建的部分采用折板的形式进行了整体的包裹，使整个建筑具有较高的统一性。

2. 折板元素

该方案立面加入了折板元素，北侧体量整体运用折板进行包裹，形成一个整体；折板可以将较为零碎的元素进行包裹整合，在不失去秩序感的同时，通过弯折部分为整个方案带来变化。

3. 文脉元素抽象提炼

设计者通过对老建筑中的文脉元素进行提取，将元素进行变形后应用于新建筑立面，使新老建筑达成统一，使整个方案更加和谐。

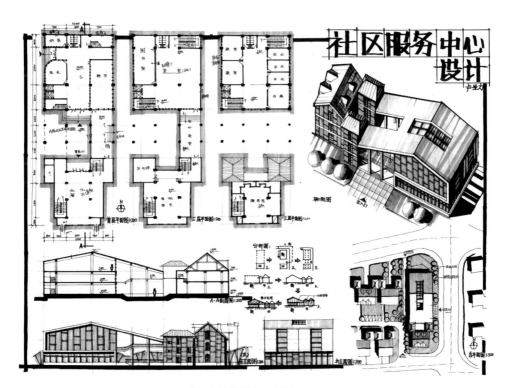

作品表现 / 设计者：卢圣力

轴测图

立面图

折板对新建筑进行了层的划分，并与老建筑连接起到了过渡形体的作用。新旧建筑主体之间形成室外交通，结合折板形成灰空间，在立面上形成了虚与实的对比。此外折板围合成坡屋顶的形态与老建筑发生了形态层面的呼应。

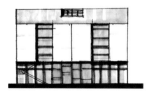

立面图

底层空间采用玻璃幕墙形成虚体，砖的介入形成了材质对比。上层体量运用了竖向长窗，使上部长窗在横向上形成虚实划分。

13.6 城市规划馆设计

　　题目中的规划馆展示建筑周围景观良好，紧邻体育公园。因而需要考虑建筑与环境的关系，尊重城市原有肌理。在立面设计上，需要考虑规划馆的气质与性格，同时满足立面应有的采光、通风等要求。就该方案的立面设计来看，立面的虚实对比强烈，材质选择与功能相契合，主要从以下三个方面对方案进行评析。

1. 虚实对比

　　该方案建筑立面采用了"大实大虚"的设计手法，底部架空是谓大虚，上部采用干挂石材，形成实体；同时，较大实体面部分开洞，破除呆板的形体，使整个建筑生动活跃。

2. 材质对比

　　该方案主要使用石材及木材两种材质，一冷一暖，产生对比。同时，材质的对比与虚实的对比相互呼应，共同加强了整个建筑的秩序感与对比感。

3. 立面材质回应功能

　　方案中，石材对应空间中展览、展示的部分，属于室内的使用空间。这些空间对采光有特殊的要求，石材可以很好的满足其采光需求。木材质主要应用于室外及公共空间，为使用者提供了亲切、融洽的交流氛围。

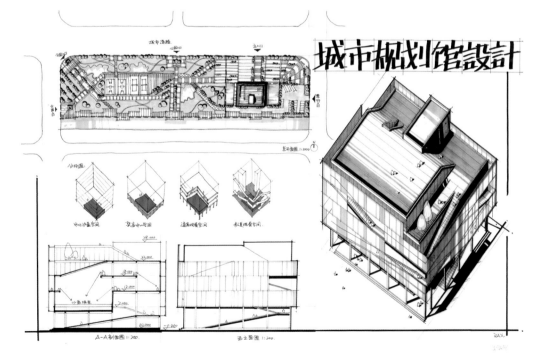

作品表现 / 设计者：朱傲雪

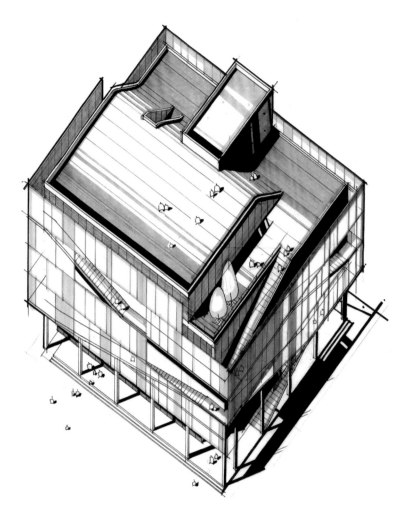

轴测图

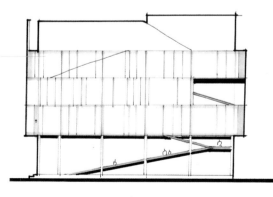

立面图

立面在整体上具有下虚上实的逻辑。底层空间利用柱子架空营造"虚"的视觉感受，柱廊则形成了节奏韵律。上部建筑界面通过切挖洞口的手法在实体上形成突变，丰富了立面的光影效果。此外，立面材质在每层形成了视觉错位，更强调了"层"的逻辑。